Sitzungsberichte
der Akademie der Wissenschaften
der DDR
Mathematik – Naturwissenschaften – Technik

1N
1983

Peter Mauersberger

Möglichkeiten und Grenzen der Prognose von Veränderungen aquatischer Ökosysteme bei veränderter Inanspruchnahme

AKADEMIE-VERLAG · BERLIN

Sitzungsberichte
der Akademie der Wissenschaften
der DDR
Mathematik — Naturwissenschaften — Technik

Jahrgang 1983 · Nr. 1/N

Peter Mauersberger

Möglichkeiten und Grenzen der Prognose von Veränderungen aquatischer Ökosysteme bei veränderter Inanspruchnahme

AKADEMIE-VERLAG · BERLIN
1983

Vortrag von Prof. Dr. rer. nat. habil.
Peter Mauersberger, Institut für Geographie
und Geoökologie der AdW der DDR, gehalten
vor der Klasse Umweltschutz und Umweltgestaltung
am 22. 10. 1981

Herausgegeben im Auftrage
des Präsidenten der Akademie
der Wissenschaften der DDR
von Vizepräsident Prof. Dr. Heinrich Scheel

ISSN 0138—3956
Erschienen im Akademie-Verlag, DDR-1086 Berlin, Leipziger Str. 3—4

Lizenznummer: 202 · 100/63/83
Printed in the German Democratic Republic
Gesamtherstellung: VEB Druckhaus Köthen
LSV · 1375
Bestellnummer: 763 23 6 3 (2010/83/1/N)
DDR 4,50 M

Inhalt

1. Einleitung

Ökosysteme besitzen signifikante Bedeutung für die Aufrechterhaltung unserer Lebensbedingungen und für die Regeneration bestimmter Ressourcen. Auch ihre Fähigkeit, Schadstoffe in gewissem Maße abzubauen oder zu inaktivieren, gehört zu den wichtigsten Naturreichtümern des Menschen. Wir müssen daher sorgfältig darauf achten, durch Nutzung der Ökosysteme diese nicht zu schädigen oder gar zu stören. Wir benötigen deshalb tiefe Kenntnisse über die zu erwartenden Änderungen dieser Systeme bei veränderter Nutzung, sei es, daß wir glauben, die Inanspruchnahme eines Ökosystems erhöhen zu müssen, sei es, daß wir geschädigte Ökosysteme zu sanieren haben.

Durch die wissenschaftlich-technische Revolution hat sich der Mensch aus einem großen Teil seiner ökologischen Bindungen herausgelöst. Anthropogen erheblich verstärkte sowie neuartige Ströme und Umsetzungen von Energie und Stoffen greifen tief in Funktionen, Strukturen und Wechselwirkungen nahezu aller Ökosysteme ein. In der anthropogen geprägten Umwelt müssen die durch die wissenschaftlich-technische Revolution überprägten oder sogar außer Kraft gesetzten ökologischen Wechselwirkungen und Bindungen durch gesellschaftliche und technische Maßnahmen ersetzt werden, um unter den geänderten Bedingungen Leistungs- und Pufferungsvermögen der Ökosysteme sowie deren sinnvolles Zusammenwirken sicherzustellen. Dies kann nur auf der Basis tiefer Kenntnisse über die Funktionen, Strukturen und Entwicklungsgesetze dieser Systeme geschehen. Die Erforschung von Ökosystemen hat also über die Feststellung von Zuständen und die Beschreibung momentaner Strukturen hinauszugehen. Die Funktionen des Systems und der in ihm ablaufenden Prozesse in ihren Beziehungen zur Strukturbildung müssen aufgedeckt und immer besser verstanden werden. Die Gesetze der „Ökosystemdynamik" sind herauszuarbeiten. Nur sie können die Basis für zuverlässige Prognosen über die Entwicklung eines Ökosystems geben. Statistische Analysen oder mathematische Simulationen von Meßreihen ohne Herausarbeitung der realen Ursache-Wirkungs-Beziehungen entsprechen nicht den Anforderungen.

Im Ökosystem stehen physikalische, chemische und biologische Prozesse in enger Wechselwirkung. Ökosystemforschung kann deshalb nur in interdisziplinärer Zusammenarbeit gelingen. Der vorliegende Beitrag stammt aus der Feder eines Geophysikers und ersucht um kritische Stellungnahmen der Vertreter anderer Disziplinen.

Die folgenden Ausführungen über Möglichkeiten und Grenzen der Prognose von Veränderungen aquatischer Ökosysteme lassen sich mindestens teilweise auf andere Ökosysteme übertragen. Doch soll diese Frage hier nicht behandelt werden. Wir konzentrieren unsere Aufmerksamkeit auf die Zustandsveränderungen von Oberflächengewässern.

2. Wachsende Inanspruchnahme der Gewässer

Die Inanspruchnahme der Gewässer durch die Gesellschaft hat sich in den letzten Jahrzehnten erheblich verstärkt und geändert. Zur Deckung des steigenden Wasserbedarfs mußte die Mehrfachnutzung bis zum Zehnfachen erhöht werden. Nicht nur die Mengen, auch das Spektrum der aus kommunalen, industriellen und landwirtschaftlichen Abwässern den Vorflutern zugeführten Stoffe vergrößerten sich ständig. Die Atmosphäre und die Gewässer werden zum Abtransport von Abwärme und Abstoffen aus der wachsenden und mit erheblichem Energieeinsatz verbundenen Produktion und Konsumtion genutzt. Vielerorts werden antagonistische Nutzungen von Gewässern simultan intensiviert; z. B. Rohwasserentnahme zur Trinkwasseraufbereitung, Einleitung kommunaler, industrieller und landwirtschaftlicher Abwässer, Intensivfischzucht, Motorbootverkehr bzw. Erholungsnutzung werden gleichzeitig verstärkt.

Durch veränderte Inanspruchnahme verursachte Zustandsänderungen der Gewässer können nicht nur höheren finanziellen und materiellen Aufwand (zum Beispiel bei der Trinkwasseraufbereitung) hervorrufen, sondern auch das Nutzungsrisiko, z. B. Bakteriengehalt und Havarieanfälligkeit von Gewässern, erhöhen bzw. Nutzungseinschränkungen erforderlich machen. Die Sanierung bestimmter Gewässertypen (Grundwasser, große Seen) setzt lange Zeiträume und den Einsatz umfangreicher technischer Mittel voraus. Intensität und Form der Inanspruchnahme der Gewässer durch die Gesellschaft beeinflussen in starkem Maße den Gewässerzustand. Wegen der fundamentalen Rolle, die gesunde Gewässer im Leben der Natur und Gesellschaft spielen, wirkt ihr Zustand auf die Entwicklung der Gesellschaft zurück. Sorgfältige Analysen des Zustandes und Prognosen der Entwicklung der Gewässer müssen deshalb stets Bestandteil volkswirtschaftlicher Entscheidungen sein. Daraus resultiert die Frage: Innerhalb welcher Grenzen, mit welcher Unsicherheit und mit welchem Risiko ist es möglich, Veränderungen der Wasserbeschaffenheit bei stark veränderter Inanspruchnahme zu prognostizieren?

Bei der „Veränderung der Inanspruchnahme“ kann es sich sowohl um eine „Erhöhung“ als auch um eine „Erniedrigung“, um allmähliche oder plötzliche Veränderungen der Gewässerbelastung handeln.

Als Prognose werde eine quantitative Voraussage angestrebt. Es könnte sich zum Beispiel darum handeln, den Zeitpunkt, die Biomasse und die Artenzusammensetzung der nächsten Algenblüte in einem bestimmten See prognostizieren zu wollen. Ist dies möglich? Die Aufgabe kann auch darin bestehen, eine Veränderung des durch bestimmte Parameter definierten „mittleren Gewässerzustandes“ (vgl. Standards) vorauszusagen. Wahrscheinlichkeitsangaben und Risikoeinschätzungen für die Auswirkungen bestimmter Maßnahmen der Gewässernutzung bzw. des Gewässerschutzes werden erwartet. Naturwissenschaftliche Aussagen müssen mit ökonomischen Kriterien und Entscheidungsmodellen gekoppelt werden.

Umfangreiches Wissen und große Erfahrungen sind als Basis für Prognosen erforderlich. Die hohe Bedeutung, welche persönliche, in langer Arbeit erworbene Erfahrungen für Prognosen haben, soll nicht in Zweifel gezogen werden, wenn wir uns im folgenden vornehmlich mit Problemen der Meßprogramme und mit Berechnungsmethoden für Prognosen des Gewässerzustandes beschäftigen.

3. Möglichkeiten und Grenzen der Datengewinnung

Die Weiterentwicklung von Berechnungsverfahren, auch „mathematische Modelle“ genannt, beruht auf dem Erkenntnisfortschritt, der ohne Beobachtung und Messung nicht möglich ist. Die Entwicklung der Theorie der Gewässerbeschaffenheit setzt kombinierte physikalisch-chemisch-biologische Messungen in situ und im Laboratorium voraus. Aus der Vielzahl von Möglichkeiten und Grenzen physikalischer, chemischer und biologischer Messungen in Gewässern können hier nur wenige als Beispiel genannt werden.

3.1. Kurz- und Langzeiterscheinungen

Für die Erforschung aquatischer Ökosysteme stehen neuartige Meßverfahren zur Verfügung. Einige von ihnen eignen sich zu kontinuierlichen Messungen. Erwähnt seien die ionensensitiven Sonden zur Registrierung von chemischen Wasserinhaltsstoffen und die Fluoreszensmessungen, die zur Bestimmung des Chlorophyll-Gehaltes in Wasserproben genutzt werden können.

Diese kontinuierlichen Messungen eröffnen Einblicke in kurzzeitige und kleinräumige Variationen der physikalischen, chemischen und biologischen Zustandsgrößen und Prozesse im Gewässer, welche für den Gewässerzustand und seine Entwicklung sehr wichtig sein können. Diese Prozesse werden durch Einzelmessungen, die etwa in Wochenabständen vorgenommen werden, nicht hinreichend genau erfaßt. Mit dieser „klassischen“ Form der Datensammlung wird allzu leicht die Vorstellung verbunden, daß die entscheidenden Prozesse in Seen nur im Zeitmaßstab von Wochen und im Raummaßstab von Kilometern (in horizontaler Ausdehnung) ablaufen. In der Tat verwenden viele der gebräuchlichen Modelle aquatischer Ökosysteme Wochen- oder Dekadenwerte, die genau genommen als Momentanwerte gemessen wurden. Es ist durchaus fraglich, ob diese Wertefolge den wirklichen Ablauf hinreichend gut beschreibt und zur Auffindung der Ursache—Wirkungs-Beziehungen ausreicht.

Nicht nur kurzperiodische und kleinräumige Prozesse und Zustandsschwankungen müssen durch Messungen in Zukunft genauer untersucht werden, auch den Langzeitentwicklungen ist erhöhte Aufmerksamkeit zu schenken. Als Beispiel sei auf die drastische Veränderung der planktonischen Zönose im Ärmelkanal im Laufe von etwa zehn Jahren verwiesen, die 1925 einsetzte und sich im Zeitraum 1965 bis 1975 rückentwickelte. Parallel dazu wurde eine Veränderung der Mitteltemperatur im Nordostatlantik um 0,5° beobachtet (Russel [122], Cushing u. Dickson [26]). Deutet man diese Erscheinung als von einer Klimaschwankung verursacht, dann muß man zugleich annehmen, daß sehr kleine Klimaveränderungen markante Effekte in aquatischen Biozönosen hervorrufen können. Sie überlagern sich der anthropogenen Beeinflussung, z. B. der Eutrophierung der Gewässer. Darüber hinaus müssen wir mit Wechselwirkungen zwischen natürlichen und anthropogenen langfristigen Einwirkungen auf den Gewässerzustand rechnen (Beeton [10], Lane u. Levins [71]). Auch im Müggelsee überlagern sich dem durch zunehmende Eutrophierung bedingten Trend des Schwebstoffgehaltes Veränderungen, die durch langzeitliche Variationen der Globalstrahlung bzw. Sonnenaktivität bedingt sein könnten (Behrendt, Stellmacher [11]).

Sichere quantitative Voraussagen derartiger Langzeiteffekte im Gewässer sind zur Zeit kaum möglich. Ihre Existenz ist sehr wahrscheinlich bzw. sicher. Ziel künftiger Forschung muß es also sein, diese Effekte, ihre Eintrittswahrscheinlichkeit und das mit ihnen verbundene Risiko einschätzen zu können.

3.2. Mikrokonzentrationen

Gewachsen, aber doch noch empfindlich begrenzt sind unsere Kenntnisse über Stoffe, die in Mikrokonzentrationen im aquatischen Ökosystem wirken und deshalb schwer oder nur unzureichend gemessen werden können. Vitamin B_{12}, in der Größenordnung von Nannogramm pro Liter in Gewässern nachgewiesen, steuert das Algenwachstum (Droop [31, 32]) und kann zusammen mit anderen Vitaminen (B_1, H) Sukzessionen beeinflussen. Einige Phytoplanktonspezies produzieren Vitamine und scheiden sie aus. Andere Arten, die auf Vitaminzufuhr angewiesen sind, können in ihrer Entwicklung gehemmt werden, wenn Konkurrenten durch Vitaminspeicherung oder Massenentwicklung die Vitaminkonzentration im Freiwasser unter dem Bedarfsspiegel (ca. 10^{-12} mol pro Liter) halten. Bei Frühjahrsentwicklungen der Diatomeen wird ein solcher Effekt für wahrscheinlich gehalten (Swift [150]). Nach dem Zusammenbruch der Diatomeen-Massenentwicklung hat sich das Vitaminspektrum im Gewässer deutlich verändert. Das Vitaminangebot im Gewässer und damit der Zustand und die Entwicklung der Biozönose werden ständig beeinflußt durch Vitaminausscheidungen, durch Denaturierung von Algenzellen, durch herbivores Zooplankton, das einen Teil der als Nahrung aufgenommenen Vitamine in gelöster Form ausscheidet, und durch Bakterien, die Vitamine zu modifizieren vermögen.

In „Spuren“ vorhandene Metalle (Co, Cu, Fe, Mn, Mo, Zn) sind wichtige Mikronährstoffe für die Primärproduktion, können aber in zu hohen Konzentrationen toxisch wirken (Engelmann [37], Huntsman u. Sunda [58]). Wenn nicht alle einzelnen Spezies, so kann doch die Biozönose auf Schwankungen im Angebot dieser Spurenstoffe reagieren — u. a. durch den Wechsel zu einem anderen Artenspektrum, zu anderen Formen der Nahrungskette, zu anderen Sukzessionen, ferner durch die Entwicklung resistenter Formen oder durch die Substitution fehlender Metalle. Unser Verständnis für die Rolle dieser Stoffe wird erschwert durch die methodischen Grenzen der Messung so niedriger Konzentrationen und die Kompliziertheit der Metallchemie sowohl im Gewässer als auch in der Zelle. Hingewiesen sei nur auf die Einbettung dieser Metalle in Chelate. Diese stammen teilweise aus Planktonexkreten, teilweise gelangen sie anthropogen ins Gewässer. Sie können sowohl entgiftend wirken als auch die Aufnahme der Mikronährelemente durch die Phytoplankter erleichtern. Zum Beispiel zeigten Murphy et al. [89], daß bestimmte Blaualgenarten durch Ausscheidung eines Eisen-selektiven Chelates ihre Eisenaufnahme zu erhöhen und dadurch die Stickstoffixierung und die Populationsentwicklung bzw. die Algenblüte zu verstärken vermögen.

Wir müssen feststellen, daß die Rolle der Vitamine, Mikronährstoffe, Ektotoxine und anderer Spurenelemente in Prognosen des Gewässerzustandes und seiner Veränderungen noch unzureichend einbezogen wird.

3.3. Ökonomie der Datengewinnung und Datennutzung

Zusammenfassend ist einzuschätzen, daß sich die Möglichkeiten, aber auch die Aufgaben der Messungen erweitert haben. An die apparative Ausstattung für in-situ- und Laboratoriumsuntersuchungen werden wesentlich erhöhte Anforderungen gestellt. Ökonomische Datennutzung ist dringlicher denn je. Die Grundlagenforschung muß hierzu beitragen, indem sie soviel wie möglich gesichertes Grundlagenwissen in die Anlage von in-situ-Messungen und in theoretische Ansätze einbringt. Zum Beispiel muß man danach streben, den Typ der mathematischen Funktion, nach der ein näher zu untersuchender Prozeß abläuft, aus theoretischem Grundwissen vorherzusagen, möglichst auch die Intervalle von Parameterwerten. Die Datengewinnung kann dann darauf gerichtet werden, den theoretisch erwarteten Verlauf zu überprüfen und die Parameterwerte zu präzisieren.

Bei Verzicht auf diese theoretischen Vorgaben sind die Anforderungen an die Meßprogramme weitaus höher, weil zuerst die „Funktionsverläufe“ und die Größenordnung der Parameterwerte erschlossen werden müssen. Überdies bleibt oft eine gewisse Willkür in der Wahl der mathematischen Ansätze, worunter die innere Logik der auf diesem Wege entwickelten Theorie bzw. Modelle leiden kann. Nachträglich muß gezeigt werden, daß diese empirischen Ansätze gültig sind und mit den Grundgesetzen der Physik, Chemie und Biologie übereinstimmen. Was anfangs an theoretischer Arbeit „gespart“ wurde, muß später durch höheren Aufwand in Messung und Modellverifikation teuer bezahlt werden.

4. Möglichkeiten und Grenzen einiger gebräuchlicher Modelltypen

4.1. Einleitung

Berechnungsverfahren („mathematische Modelle“), die nicht nur eine Simulation des Zustandes, sondern darüber hinaus eine Prognose der Veränderung aquatischer Ökosysteme unter veränderter Inanspruchnahme ermöglichen, sollen in der Wasser- und Volkswirtschaft, gekoppelt mit ökonomischen Entscheidungsmodellen, zu optimalen Entscheidungen bei vorgegebenen Zielfunktionen beitragen, weil mit ihnen Lösungsvarianten schneller und gefahrloser als mit Naturobjekten durchgespielt werden können. Als Teil des Forschungsprozesses dient die Entwicklung von Modellen zugleich der Synthese von Meßergebnissen. Daher ist es für Wissenschaft und Praxis gleichermaßen wichtig, von Zeit zu Zeit die Leistungsfähigkeit und Grenzen der Modelle zu analysieren. Ausgewählte Fragestellungen sollen hier behandelt werden. Wir beschränken unsere Betrachtungen auf Oberflächengewässer, insbesondere auf Seen und Talsperren. Auf geographisch bedingte Unterschiede (vgl. dazu z. B. Laws [72], Straškraba [147]) können wir nicht eingehen. Eine Zusammenfassung von Ergebnissen der Untersuchung, Modellierung und gezielten Beeinflussung der Wasserbeschaffenheit in Talsperren, Seen und Fließgewässern der DDR im Zeitraum 1974—1980 gaben Mauersberger, Klapper und Uhlmann [82]. Als Beispiel aus der umfangreichen internationalen Literatur sei Biswas [19] herausgegriffen. (Diese und alle folgenden Literaturangaben haben nur den Charakter von Stichproben.)

Die mathematischen Modelle aquatischer Ökosysteme kann man grob in folgende Gruppen einordnen:

a) Stochastische black-box-Modelle: Unter der Voraussetzung, daß zwischen den vom Modell erfaßten Variablen stochastische Einflüsse über die determinierten Zusammenhänge überwiegen, werden statistische Beziehungen (Korrelationen, Regressionen usw.) zwischen den Eingangsgrößen und Ausgangsgrößen des Systems aus Beobachtungsdaten abgeleitet. Die Anforderung an die Datengewinnung ist sehr hoch.

b) Deterministische Simulation mit „analytischen Modellen“: Es wird vorausgesetzt, daß nicht nur die Werte der Anfangs- bzw. Eingangsgrößen, sondern auch die für das System gültigen Gesetze (Zustandsgleichungen, Prozeß-Differentialgleichungen) aus Beobachtungswerten erschlossen werden und der Systemanalyse zugrunde gelegt werden können. Zustand und Entwicklung des Ökosystems werden als Lösung dieses Gleichungssystems für bestimmte Anfangs- und Randbedingungen berechnet, meist mit Hilfe von Rechenautomaten.

c) Biokybernetische Modelle: „Zusätzlich" zu den Beobachtungsergebnissen werden die in der technischen Kybernetik entwickelten Verfahren zur Modellierung aquatischer Ökosysteme verwendet. Dabei können stochastische und deterministische Ansätze gekoppelt werden, wenn auch von dieser Kopplungsmöglichkeit selten Gebrauch gemacht wird.

d) Volle Einbeziehung der Grundgesetze der Physik, Chemie und Biologie, insbesondere des Zweiten Hauptsatzes der Thermodynamik. Diese dringend erforderliche Weiterentwicklung der Theorie der Gewässerbeschaffenheit wird im 5. Abschnitt zur Sprache kommen.

In allen instationären Modellen treten Bilanzgleichungen für Zustandsgrößen (z. B. für Biomassen, Nährstoffkonzentrationen) folgender Form auf:

$$\text{Neuer Wert} = \text{Alter Wert} + \text{Zuwachs} - \text{Verlust}.$$

Zuwachs und Verlust ändern sich im Laufe der Zeit in Abhängigkeit vom physikalischen Zustand, von hydrodynamischen Vorgängen, von der Gegenwart und Konzentration anderer Wasserinhaltsstoffe, den Biomassen der anwesenden Spezies und anderer Faktoren. Von einem gegebenen Anfangswert ausgehend werden in mehr oder minder großen Zeitschritten die aufeinander folgenden Zustände des Ökosystems berechnet, wobei die Veränderungen aller Systemkomponenten aufeinander einwirken. Nachwirkungseffekte (z. B. Einfluß der Vorgeschichte einer Population) können prinzipiell erfaßt werden, wenn die Gesetze dieser Effekte bekannt sind und in die Modellierung einbezogen werden. In der Regel wird postuliert, daß die im mathematischen Modell zur Beschreibung von Zuwachs- bzw. Verlustvorgängen verwendeten mathematischen Ansätze für alle Zeitschritte gültig bleiben. Die „treibenden Kräfte" (Temperatur, Strahlung, allochtone Zufuhr, ...) müssen als Zeitreihen vorgegeben sein. Soweit dafür eine Prognose erforderlich ist (z. B. für meteorologische Größen), geht die Unsicherheit dieser Prognosen in das Modell des aquatischen Ökosystems ein. Eine weitere Schwierigkeit der Modellierung besteht offenkundig darin, die Gesetze für Zuwachs- und Verlustprozesse so zu formulieren, daß die verschiedenen, sich einander überlagernden Wirkungen der zahlreichen „treibenden Kräfte" bzw. Einflußfaktoren simultan erfaßt werden. Ferner müßten diese Gesetze für alle physikalisch-chemischen Zustände des Wasserkörpers und alle Kombinationen von Biomassenwerten der Glieder der Biozönose gültig sein, welche im a priori unbekannten Ablauf der Entwicklung des Ökosystems auftreten.

Kein Modell berücksichtigt alle das Ökosystem und seine Veränderungen beeinflussenden Faktoren. Kein Modell kann alle Meßwerte erklären. Deshalb kann man allgemein gültige Validations-Kriterien schwer formulieren. Die „Güte" eines Modells wird meist durch den Vergleich mit anderen Modellen eingeschätzt, die mit gleichem Ziel das Verhalten desselben Gewässers zu simulieren und zu prognostizieren versuchen. Da keine Beobachtungsreihe die gesamte Mannigfaltigkeit der möglichen Zustände des Ökosystems enthält, ist auch dieses Kriterium nur bedingt brauchbar. Wir können deshalb den Vergleich mit Beobachtungsergebnissen nur bedingt als Bewertungsmaßstab nutzen.

4.2. Fließgewässermodelle

Die Beschaffenheit von Fließgewässern wird oft charakterisiert durch die Angaben des Gehaltes an gelöstem Sauerstoff oder durch den biochemischen Sauerstoffbedarf (BSB), der zum Abbau der im Gewässer enthaltenen organischen Substanz benötigt wird. Beide Größen sind Summengrößen und eignen sich wenig zur Erfassung toxischer Einwirkungen. Als mathematische Verfahren zur Berechnung des Abbaus der organischen Wasserinhaltsstoffe und der damit gekoppelten Sauerstoffbilanz dienen:

a) Räumlich eindimensionale Advektions-Diffusions-Differentialgleichungen, in denen lineare bzw. nichtlineare Reaktionen berücksichtigt werden. Weiterentwicklungen des Ansatzes von Streeter, Phelps [148], der von O'Connor [92], Thomann [152] und vielen anderen angewendet wurde, zielten auf die Einbeziehung der Photosynthese (O'Connor, Di Toro [93]), meteorologische Effekte (Albrecht, Imhoff [2], Ruf [121]), der Phytoplanktondynamik (Beck [7, 8]), der Nährstoffe (Sandoval et al. [123]) bzw. der Quervermischung (Baumert, Peukert [6]) oder konzentrierten sich auf den Transport von „konservativen" Stoffen wie Chlorid, Schwermetallen und suspendierten Teilchen.

b) Stochastische Modelle werden als Polynome oder Differenzengleichungen zwischen dem Sauerstoffgehalt und anderen Meßgrößen (Temperatur, Durchfluß, CSV usw.) angesetzt. Die Modellparameter müssen durch Regressionsverfahren aus Beobachtungsdaten abgeleitet werden (Thayer, Krutchkoff [151], Di Toro [29]).

Einen guten Überblick über Fließgewässermodelle bieten Hahn, Eppler [48] und Rinaldi et al. [116].

Die erstgenannten analytischen Modelle werden zur Langfristbewirtschaftung eingesetzt, die stochastischen Modelle zur Kurzfristprognose unter stationären Bedingungen. Auf stark veränderte Verhältnisse sind diese Modelle nicht unmittelbar übertragbar, weil die in der Biozönose herrschenden Kausalbeziehungen und deren Veränderungen nicht richtig wiedergegeben werden. Mit Untersuchungen zum Kohlenstoffhaushalt eines Flusses (Schönborn, Casper [132]) wurde ein Beitrag zu der dringenden Verbesserung dieser Modellierungsverfahren erarbeitet. Artenspektrum und Biomassen sowohl der autotrophen als auch der heterotrophen Organismen, ihre trophischen Wechselwirkungen und die biogenen Stoffumsetzungen müssen in ihrer Abhängigkeit von dem physikalischen und chemischen Umgebungszustand (Temperatur, Lichtklima, Hydrodynamik, N- und P-Haushalt, Detritus usw.) genauer erfaßt werden.

4.3. Empirische Belastungsmodelle vom Vollenweider-Typ für Seen und Speicher

Vollenweider [160] erkannte einen Zusammenhang zwischen der mittleren Biomasse eines stehenden Gewässers und der Menge der ihm als Nährstoffe zugeführten Phosphorverbindungen. Bei Modellen dieser Art handelt es sich um Bilanzgleichungen für stationäre Stoffumsätze. Die Voraussetzung der Stationarität ist nur im Langzeitmittel bei hinreichend langsamen Zustandsänderungen erlaubt. Modelle dieses Typs (Hutchinson [57], Bloesch [21], Dillon [28], Vollenweider [161, 162, 163], Oglesby u. Schaffner [95], Schaffner u. Oglesby [127], Schindler [128], Reckhow [113]) erlauben Prognosen des Erwartungswertes der mittleren Biomasse bzw. des mittleren Chlorophyll-a-Gehaltes für einen See aus der bekannten P-Zufuhr während eines längeren Zeitintervalls (mindestens 1 Jahr). Sie spielen deshalb eine wichtige Rolle bei der Einschätzung der Eutrophierung und ermöglichen in ihrem Gültigkeitsbereich die sichersten Prognosen, die wir zur Zeit machen können.

Dieser Modelltyp wurde weiterentwickelt bezüglich der zugrunde liegenden Differentialgleichungen (Imboden [59, 60]), durch die Einbeziehung der Phosphorrückhaltung im Sediment (Reckhow, Chapra [114]) und durch verbesserte Ansätze für biologische Prozesse (Uhlmann, Benndorf [155], Benndorf [13]).

Der Versuch, diese Methodik auf kürzere Zeitintervalle zu übertragen, etwa Saisonwerte mit gleichen Präzissionen zu prognostizieren, gelingt nicht. Die Abweichungen von der Wirklichkeit werden umso größer, zu je kleineren Zeitintervallen man übergeht.

Interessante Abweichungen einzelner Seen vom mittleren, durch diese Modelle beschriebenen Verhalten der Seen und Speicher (die bei Chlorophyll-a eine Größenordnung erreichen können) dürften von unterschiedlichen Aufteilungen des Phosphors auf die anorganischen oder organischen Stoffe im Zufluß und auf die trophischen Niveaus sowie von morphologischen und hydrodynamischen Charakteristiken des Gewässers herrühren (Shapiro [135], Chapra u. Tarapchak [25]).

Bei Anwendung dieser statischen Modelle für Sanierungsvorhaben muß beachtet werden, daß Sanierung nicht ausschließlich eine Frage der Minderung der externen Stoffzufuhr ist. Diese führt nicht in jedem Fall zu der erwarteten Verbesserung des Gewässerzustandes. Die Verbesserung tritt mit relativ großer Sicherheit für den „mittleren Zustand" ein. Die Amplituden der Zustandsschwankungen (z. B. Blaualgen-Massenentwicklungen) werden durch diese Reduktion der Stoffzufuhr unter Umständen nicht wesentlich reduziert, weil für Zustand und Entwicklung des Ökosystems die internen Prozesse einen nicht zu vernachlässigenden Einfluß haben. Die vertiefte Erforschung und Berücksichtigung dieser Prozesse (Primär- und Sekundärproduktion, Beziehungen zwischen Makrophyten und Phytoplankton, Einfluß hydrodynamischer Vorgänge, Wechselwirkungen zwischen Sediment und Freiwasser usw.) hatte und hat deshalb entscheidende Bedeutung für die Weiterentwicklung der Modellierung aquatischer Ökosysteme.

4.4. Lineare Ökosystemmodelle

Mit dem Ziel, den Zeitablauf des Gewässerzustandes zu beschreiben, wurde etwa seit 1960 (vgl. u. a. Olsen [98], Patten [107, 110], Bledsoe [20]) der Versuch unternommen, Systeme linearer gewöhnlicher Differentialgleichungen erster Ordnung als Ökosystemmodelle zu nutzen. Die Zeit ist die unabhängige Variable. Die Zustandsgrößen sind die abhängigen Variablen. Es wird vorausgesetzt, daß diese Zustandsgrößen das ganze Gewässer oder große Teile (Kompartimente) desselben charakterisieren, d. h. daß das Gewässer oder große Teile desselben als „durchmischt" bzw. räumlich homogen angenommen werden können.

Die Vorteile dieses Modelltyps sind hauptsächlich mathematischer Natur: Es liegen eine vollständige Lösungstheorie und ausgearbeitete Lösungsverfahren der Analog- und Digitalrechentechnik vor. Verfahren der Parameterschätzung sind auf hohe Zahlen unbekannter Parameter anwendbar. Sensitivitätsanalyse, Stabilitätsuntersuchungen, Analysen der Fehlerfortpflanzung bereiten keine prinzipiellen Schwierigkeiten. Bei der Berücksichtigung von Nachwirkungseffekten ist darauf zu achten, daß die Ansätze diesen Effekt wirklich erfassen. Dies ist keineswegs bei allen formal angegebenen „Nachwirkungsintegralen" der Fall. Die nach der Methode der Variation der Konstanten gewonnenen Lösungen linearer gewöhnlicher Differentialgleichungen können in einer Form geschrieben werden, die einen Nachwirkungseffekt vortäuscht (BUCHHEIM [22]).

Dieser Modelltyp wird angewendet als „erste Näherung" oder als „Minimalmodell" in den Fällen, wo die Kenntnisse bzw. die Meßdaten von einem Gewässer sehr gering sind. Diese Modelle vermögen die Tracer-Dynamik in einem ungestörten Ökosystem zu beschreiben (O'NEIL [99]). Bei hinreichend großem Zeitmaßstab (Jahr) kann auch der mittlere Gang für andere Größen (z. B. Stickstoff, Energieströme) mit solchen Modellen simuliert werden (u. a. OLSEN [98], PATTEN [110], wenn die zeitlichen Veränderungen des Ökosystems klein sind.

Die Anwendbarkeit dieses Modelltyps für ökologische Untersuchungen und Prognosen wird erheblich eingeschränkt durch den hohen Abstraktionsgrad. Vorhersagen der Zustandsänderungen von Gewässern bei erheblicher Veränderung der Inanspruchnahmen sind mit diesen Modellen nicht möglich.

4.5. Nichtlineare mathematische Ökosystemmodelle

Dem nichtlinearen Charakter biologischer Prozesse trugen bereits die historisch ältesten Versuche einer Populationsdynamik Rechnung (GOMPERTZ [46], LOTKA [73], VOLTERRA [164, 165]). Durch Weiterentwicklung dieser Ansätze entstanden „biokybernetische Modelle" mit folgenden Eigenschaften:

a) Auf den rechten Seiten der Differentialgleichungen stehen nichtlineare Funktionen von Zustandsgrößen Z_k, „treibenden Kräften" K_m und Parametern P_n (Produktions- und Destruktionsraten, Schwellenwerte usw.):

$$\frac{dZ_j}{dt} = f_j (Z_k, K_m, P_n) \tag{1}$$

für $j = 1,2,\ldots,J$; $k = 1,2,\ldots,K$; $m = 1,2,\ldots,M$; $n = 1,\ldots,N$.

b) Untereinander unterscheiden sich die biokybernetischen Modelle in den Anzahlen der Zustandsgrößen bzw. Modellgleichungen und durch unterschiedlich detailierte Berücksichtigung der im Ökosystem ablaufenden Prozesse.

c) Ferner unterscheiden sich biokybernetische Modelle dadurch, daß für die nichtlinearen Abhängigkeiten (1) von verschiedenen Autoren unterschiedliche mathematische Funktionen verwendet werden. Meist werden diese Funktionen empirisch oder halbempirisch gewonnen, d. h. so gewählt, daß Meßwerte möglichst gut wiedergegeben werden. Diese Forderung bedingt hohe Ansprüche an Meßprogramme und reicht trotzdem zur eindeutigen Festlegung der Funktionen oft nicht aus.

d) Durch die Anpassung der Ansätze und Parameter an Beobachtungsreihen kann mehr oder weniger gut erreicht werden, daß diese Modelle die dominierenden Züge der momentanen Strukturen und Verhaltensweisen des Ökosystems simulieren. Innerhalb der Belastungsgrenzen, für die diese biokybernetischen Modelle entwickelt wurden, eignen sie sich zur mathematischen Beschreibung des Jahrganges von Zustandsgrößen der Gewässerbeschaffenheit (Algen(gruppen), Zooplankton, Detritus, Nährstoffe usw.) mit Hilfe von Monatswerten oder Dekadenwerten.

e) Grenzen: Die Möglichkeiten sicherer Prognosen von Strukturänderungen des Ökosystems bzw. tiefgreifender Änderungen der Verhaltensweise bei stark veränderter Inanspruchnahme sind zumindest sehr eingeschränkt, wenn sie nicht gänzlich entfallen. Ein Blick in die Literatur bestätigt dies. Simulationen mehrerer Jahresgänge eines sich nicht tiefgreifend verändernden Ökosystems sind in wenigen Beispielen bekannt geworden, z. B. 14jährige Reihen durch Jørgensen et al. [66]. Hingegen wird die Möglichkeit, schroffe Änderungen vorauszusagen, skeptisch beurteilt.

f) Stöchiometrische Verhältnisse zwischen Biomasse, Nährstoff- und Energiegehalt: In vielen linearen oder nichtlinearen Modellen aquatischer Ökosysteme werden konstante Quotienten zwischen Biomasse, Nährstoffgehalt und Energieinhalt für jede der biotischen Modellkomponenten, d. h. für Phytoplankton(gruppen), Zooplankton(gruppen), Bakterien(gruppen) usw. angenommen. Dann können die Gleichungen des Modells weitgehend sowohl als Massenbilanzen als auch als Energiebilanzen interpretiert werden. Energieströme und Energieinhalte der Ökosystemkomponenten werden als die entscheidenden Modellierungsgrößen angesehen. Die Bedeutung der Entropieerzeugung und des Entropieexportes für Funktion, Struktur und Entwicklung des Ökosystems wird weitgehend ignoriert. Die energetische Betrachtungsweise hat für aquatische Ökosysteme deutliche Grenzen. Ein Beispiel möge diese Behauptung stützen (Vinberg [159]): Die Fischpopulationen sind am Energiezufluß im System nur untergeordnet beteiligt — im Gegensatz zu ihrer keineswegs untergeordneten Bedeutung für die Artenzusammensetzung und Größenverteilung des Zooplanktons, die sich ihrerseits auf das Phytoplankton auswirkt.

g) Die Nichtlinearität der Gleichungen (1) bedingt, daß Lösungen praktisch nicht ohne die Hilfe elektronischer Rechenautomaten gewonnen werden können. Die Parameteroptimierung ist nur für eine sehr begrenzte Anzahl von Parametern (fünf bis sieben) nach objektiven Methoden durchführbar. Sensitivitätsanalysen und Untersuchungen der Stabilität und Fehlerfortpflanzung gestalten sich schwierig. In der Tat sind durchaus nicht alle der angewendeten biokybernetischen Modelle aus mathematischer Sicht ausreichend überprüft. Der Arbeitsaufwand wurde überwiegend in die Entwicklung der Modelle gesteckt, ein durchaus anfechtbares Vorgehen. An gut untersuchten Beispielen ist gezeigt worden, daß die Bestimmung der Parameterwerte nicht eindeutig ist, d. h. daß dasselbe Modell mit sehr unterschiedlichen Sätzen der Parameterwerte eine vorliegende Beobachtungsreihe praktisch gleich gut simuliert. Drei „gleich gute" Modelle für den Ontario-See (Thomann et al. [153] und Scavia [124] und das CCIW-Modell des Canada Centre for Inland Waters) unterscheiden sich so stark, daß sie nur schwer verglichen werden können. Für das CCIW-Modell zeigte Halfon [50], daß neben dem globalen Minimum der Zielfunktion des Schätzverfahrens, das den optimalen Satz der Parameterwerte liefert, noch 250 lokale Minima liegen, daß also ein weiter Bereich von Parameterwerten sich fast gleich gut für die Simulation der verwendeten Beobachtungswerte eignet. Halfon [51] schlußfolgert, daß das CCIW-Modell zwar zur Simulation und Diagnostik geeignet ist, aber nicht für Prognosen verwendet werden kann, weil man nicht weiß, welcher der möglichen Parametersätze dafür adäquat ist.

Übersichten über frühe Modelle dieser Art gaben z. B. Patten [108] und Menšutkin [84]. Die Zahl der seither entwickelten biokybernetischen Modelle ist fast unübersehbar, so daß nur eine sehr kleine Auswahl hier zitiert werden kann: Bierman et al. [18], Di Toro et al. [30], Scavia et al. [125, 126], Canale et al. [23], Jørgensen [64], Straškraba [144], Schellenberger [128], Imboden, Gachter [61], Benndorf [13], Benndorf, Recknagel [14], Park et al. [106] und Hall, Day [53], Orlob [104], Jørgensen [65], Beljaev [12]. Alle diese Modelle gehen von der Voraussetzung aus, daß eine ausreichende Genauigkeit bei der Prognose von Zustandsänderungen des Ökosystems mit Hilfe deterministischer Funktionalbeziehungen erreichbar ist.

Demgegenüber beruht eine andere Gruppe von Modellen auf der Arbeitshypothese, daß stochastische Effekte überwiegen, sowohl in den äußeren Einwirkungen auf das Ökosystem als auch bei den internen Prozessen. Als wenige Beispiele der stochastischen Simulation erwähnen wir die Verwendung von Rauschgeneratoren in Differenezengleichungen der Populationsdynamik durch Menšutkin, Prichodko [85], die Anwendung von Regressionsbeziehungen für die Sauerstoffkonzentration in stehenden Gewässern (Gnauck et al. [45]) und einen Vorschlag zur Verwendung der Monte-Carlo-Methode (Steinhorst [142]).

Wir werden später erläutern, daß und wie die deterministische und die stochastische Betrachtungsweise zu einer konsistenten Beschreibung der zeitlichen Entwicklung des Ökosystems gekoppelt werden müssen.

4.6. Möglichkeiten und Grenzen der Übertragbarkeit von Methoden der angewandten Systemanalyse

Historisch betrachtet hat die Übernahme von Methoden der angewandten Systemanalyse zur Entwicklung und auch zum Charakter der Ökosystemmodelle wesentlich beigetragen (vgl. z. B. Rosen [119], Patten [109], Thomann [152], Jeffers [63], Innis, O'Neil [62]). Von ihr muß auch in Zukunft ein sachgemäßer Gebrauch gemacht werden. Jedoch darf von ihr allein die Lösung der Probleme nicht erhofft werden. Diese Behauptung soll im folgenden begründet werden (vgl. auch Beck [9]).

Die Verfahren der Systemanalyse sind ursprünglich für elektrische Netzwerke und andere fest strukturierte, determiniert reagierende Systeme (sog. „harte Systeme") ausgearbeitet worden. Die Theorie umfaßt Methoden der Parameterschätzung, Sensitivitätsanalyse und Stabilitätsuntersuchung. Für derartige harte Systeme können theoretische Prognosen experimentell genau überprüft werden, weil alle dafür erforderlichen Versuche durchgeführt werden können. Diese Versuche lassen sich so planen, daß die Beziehungen zwischen bestimmten, wählbaren Systemkomponenten meßbar werden. Die Theorie dieser Systeme kann daher auf einer vollständigen Kenntnis der Systemstruktur und des Systemverhaltens aufbauen. Schwankungserscheinungen der Systemgrößen haben den Charakter eines „Rauschens".

Für aquatische Ökosysteme liegen die Dinge anders: Sie vermögen unter der äußeren Einflußnahme und auch aus internen Gründen ihre Struktur zu ändern. Sie reagieren „weicher", weil ihre Kontroll- und Steuerungsmechanismen komplizierter sind, ihre „Kenngrößen" (wie Produktions- und Destruktionsraten) innerhalb einer gewissen Bandbreite variieren können, die Mannigfaltigkeit ihrer Verhaltensweisen größer ist. Versuche mit Ökosystemen sind nur in sehr begrenztem Ausmaß möglich. Unser Erkenntnisstand ist unvollständig und wird vielleicht immer unabgeschlossen bleiben. Die Beobachtungsdaten und Vorkenntnisse über aquatische Ökosysteme sind daher immer unvollkommen, wenn wir darangehen, ihre Struktur und ihr Verhalten zu analysieren, sie zu „modellieren" und ihre Entwicklung zu prognostizieren. Die Naturvorgänge laufen in den Beobachtungsintervallen nur in begrenzten Variabilitätsbereichen und mit Überlagerungen vieler Prozesse sowie unter den steuernden Einflüssen vieler äußerer und innerer Faktoren ab (Vansteenkiste [157]). Die Messungen erfassen nur einen Teil der Zustandsgrößen, Prozesse und äußeren Einflüsse, andere bleiben unberücksichtigt. Der Deutung der Meßergebnisse bleibt ein großer Spielraum, was eine der Ursachen für die Vielzahl von „Modellen" ist, welche unterschiedliche Approximationen desselben Ökosystems versuchen. Der Fehler der Beobachtungswerte über aquatische Ökosysteme ist außerdem wesentlich größer als der Fehler der Messungen an „harten" Systemen. Halfon [52] analysierte diese Fehlerquellen. Zu den Meßfehlern treten die raum-zeitlichen Variationen der Meßgrößen (vgl. Abschn. 5.2.). Fluktuationen der Systemgrößen haben keineswegs nur den Charakter eines „Rauschens". Unter bestimmten Bedingungen können sie zu makroskopischen Zustandsänderungen anwachsen (Abschn. 5.4.).

Charakteristische Eigenschaften der Ökosysteme, die genannte Unvollkommenheit und Unsicherheit der Meßdaten, die Unschärfe unserer Kenntnisse über Prozesse und Strukturen und die irreversible historische Entwicklung der Ökosysteme bedingen, daß die Verfahren der angewandten Systemanalyse zur Parameterschätzung nicht zur tiefgreifenden Identifikation der Ökosystemstruktur, sondern nur zur Festlegung der Parameterwerte für ein vorgewähltes, eventuell sogar sehr fehlerhaftes Modell führen.

Die „klassische" angewandte Systemanalyse kann diese Situation nicht überwinden. Eine Analyse der erzeugten Parameterwerte kann zwar aufzeigen, wo im Modell ein Fehler steckt, aber kaum sagen, woher er rührt, und nicht angeben, wie er behoben werden kann. Gewisse Fortschritte bringt die Theorie unscharfer Systeme (Negotai, Ralescu [90], Peschel [111, 112]). Tiefe naturwissenschaftliche Kenntnisse müssen in die Konzipierung und Verbesserung von Modellen eingebracht werden.

4.7. Einfache oder komplizierte Modelle?

Es ist eine vieldiskutierte und umstrittene Frage, wieviele „Komponenten" ein Modell haben solle, welche Prozesse und wie genau diese erfaßt werden müssen. Soll man ein „einfaches" Modell bevorzugen? Muß man mit einem Vielkomponenten-Modell arbeiten? (Bis zu 100 und mehr Komponenten werden benutzt.) Wieviele Phytoplanktongruppen muß man unterscheiden? Blaualgen und „Nichtblaualgen?" Diatomeen als gesonderte Komponente?

Prinzipiell ist festzustellen, daß auf die richtige mathematische Beschreibung der wichtigsten Prozesse und Steuermechanismen im System Wert zu legen ist. Fehler, die hierbei begangen werden, können durch die Vergrößerung der Anzahl von Variablen und Parametern nicht oder nur scheinbar ausgeglichen werden. Ferner beeinflußt die Zielstellung der Modellierung die Modellwahl wesentlich. Es gibt nicht *ein* Modell, das alle Fragen beantwortet. (Es ist aber eine einheitliche Modellierungsmethodik anzustreben.) Wie soll man sich entscheiden, wenn die Aufgabenstellung und auch die Datenbasis Modelle unterschiedlichen Typs und Kompliziertheitsgrades zulassen?

Einfache nichtlineare Modelle, welche nur wenige, dominierende Systemkomponenten und Prozesse zu erfassen versuchen, sind bezüglich ihrer mathematischen Eigenschaften noch bis zu einem gewissen Grad „durchschaubar" und werden für Anwendungen in der Wasser- bzw. Volkswirtschaft bevorzugt, weil sie leichter mit ökonomischen Modellen gekoppelt und zur Entscheidungsfindung genutzt werden können. Sie können nach strengen, objektiven Parameterschätzverfahren an vorgegebene Beobachtungsreihen genau angepaßt werden (Kalibrierung). Diese enge Kopplung an Daten der Vergangenheit und die Beschränkung auf wenige, gegenwärtig dominierende Systemkomponenten und Prozesse bedingen aber eine relativ hohe Unsicherheit bei Prognosen mehr oder weniger stark abweichender Zustände.

Komplizierte nichtlineare Modelle mögen von ihrer mathematischen Struktur her geeignet sein, eine größere Mannigfaltigkeit von Zuständen zu beschreiben. Die uns verfügbaren Meßdaten spiegeln aber nur einen Teil der möglichen Zustände bzw. Verhaltensweisen des Ökosystems wider. Sie reichen nicht aus, sehr allgemeine Modelle „vollständig zu kalibrieren". Stützt man sich bei der Bestimmung der Parameterwerte und bei der Verifikation der im Modell verwendeten mathematischen Ansätze mehr oder minder ausschließlich auf Meßdaten, dann verbleiben also Unsicherheiten, die die Qualität einer Prognose von Zustandsänderungen unter starken äußeren Eingriffen sehr beeinträchtigen können.

Die Eignung beider Modellvarianten, der „einfachen" sowohl als auch der „komplizierten", für Prognosen ist also begrenzt, wenn auch durch unterschiedliche Gründe. Eine allgemeine gültige Empfehlung zugunsten einer Variante kann nicht gegeben werden. In jedem Falle ist, wie bereits betont wurde, die richtige Erfassung der entscheidenden Prozesse und Steuermechanismen im Ökosystem die Hauptaufgabe. Die pure Simulation einer Beobachtungsreihe bietet keine sichere Basis für Prognosen und Entscheidungen.

4.8. „Simulation" oder „Theorie"?

Wenn die bisher gegebenen Einschätzungen zutreffen, liegt es nahe, nach gemeinsamen Ursachen für diese Begrenzung der Prognostizierbarkeit bestimmter, wissenschaftlich interessanter und volkswirtschaftlich wichtiger Erscheinungen in Gewässern zu suchen. Zu diesen Erscheinungen gehören:

— Vorgänge in Zeitmaßstäben unter einer Woche, deren meßtechnische Erfassung hohe Meßfrequenzen bzw. kontinuierliche Messungen erfordert (vgl. Abschn. 3.1.),
— „Langzeiterscheinungen" (über mehrere Jahre oder Jahrzehnte), die geophysikalisch oder anthropogen bedingt sind (vgl. Abschn. 3.1.) und deren Untersuchungen die Sammlung und Erklärung der relativ wenigen langen Zeitreihen von Kenngrößen der Gewässerbeschaffenheit, die bisher gewonnen wurden, umfassen muß.
— Reaktionen der aquatischen Ökosysteme auf die Erzeugnisse moderner chemischer und pharmazeutischer Industrie, d. h. auf Stoffe, die während der biologischen Evolution keine Rolle gespielt haben.

Zu den Ursachen für die begrenzten Möglichkeiten der Prognose von Veränderungen der Wasserbeschaffenheit bei veränderter Inanspruchnahme der Gewässer gehört ein Rückstand in der Entwicklung der Theorie. Die Modellierung ist zu stark auf die Verbesserung der Nachbildung (Simulation) der Meßreihen orientiert. Sie versucht dies durch Veränderungen bzw. Ergänzungen an Modellen zu erreichen, die die derzeit übliche Modellierungsmethodik nicht überschreiten. Mathematik und Rechentechnik drohen zu überwiegen. Es kommt darauf an, unsere Kenntnisse über die Strukturen und Prozesse in aquatischen Ökosystemen zu vertiefen und hieraus wesentliche Verbesserungen der Theorie zu erzielen. Auf dieser Basis müssen neuartige Modellierungsmethoden entwickelt und erprobt werden. Im Bilde: Wir dürfen uns nicht damit begnügen, an den „Rädchen" einer existierenden „Simulationsanlage" zu drehen. Wir müssen eine verbesserte Methodik entwickeln! Wir können auch nur aus einer verbesserten Theorie sachgemäßere Anforderungen an die Optimierung der Meßprogramme ableiten. Die vorliegenden Modelle sind nur sehr begrenzt zur effektiven „Steuerung" von Meßprogrammen geeignet. Sie können als Methoden der Datenverdichtung und Systemanalyse bzw. -diagnose gewertet werden und erfüllen damit eine wichtige Zwischenaufgabe zwischen „Messung" und „Theorie", allerdings — soweit es sich um sehr komplizierte Modelle handelt — mit sehr großem, in manchen Fällen zu großem Aufwand.

5. Weiterentwicklung der Meßprogramme und der Theorie

5.1. Aufgaben

In dem Streben, verbesserte Verfahren für die Prognose von Zustandsänderungen aquatischer Ökosysteme bzw. von Änderungen der Gewässerbeschaffenheit zu entwickeln, steht die Grundlagenforschung unter anderem vor folgenden Aufgaben:

I. Meßprogramme und Theorie müssen die Strukturen und Prozesse besser erfassen, insbesondere die „schnellen Prozesse" und die „Feinstruktur" des aquatischen Ökosystems in ihrer raum-zeitlichen Veränderlichkeit. Unter Struktur verstehen wir dabei sowohl die Morphologie und räumliche Strukturierung des Gewässers, als auch die raum-zeitliche Verteilung der physikalischen und chemischen Zustandsgrößen, die Struktur der Biozönose und die raum-zeitliche Verteilung der Arten bzw. Populationen. Organismen, Populationen und Zönosen haben sich im Laufe der Evolution entwickelt und ihr Verhalten von den physiologischen Reaktionen bis zu den Sukzessionen den Zuständen und Zustandsänderungen ihres Lebensraumes angepaßt, die sie selbst mitbestimmen. (Man denke an stoßartige Exkretionen oder an gegenseitige Lichtabschirmungen.) Ihre Eigenschaften und ihr Verhalten kann nur dann richtig verstanden und prognostiziert werden, wenn man die raum-zeitliche Variabilität ihres Lebensraumes und die Reaktionen der Hydrobionten in Messungen und Theorie in ausreichendem Maße erfaßt (vgl. Abschn. 5.2.).

II. Die Grundlagenforschung darf nicht darauf orientieren, eine Vielzahl von Modellen aufzustellen bzw. für jedes Gewässer ein Modell allein aus einem speziellen Beobachtungsmaterial abzuleiten. Sie muß die Modellierungsmethodik entwickeln. Sie muß eine Theorie der Gewässerbeschaffenheit bzw. eine Theorie aquatischer Ökosysteme schaffen, aus der die Berechnungsverfahren („Modelle") zur Lösung bestimmter Fragestellungen für ein bestimmtes Gewässer abgeleitet werden können. Umgekehrt müssen Forschungsergebnisse, die an speziellen Gewässern erzielt wurden, sorgfältiger auf allgemeingültige Aussagen, die die Theorie verbessern können, geprüft werden.

III. Bei der Weiterführung der Theorie aquatischer Ökosysteme muß unter Beibehaltung kybernetischer und systemtheoretischer Prinzipien verstärkt die Synthese von Erkenntnissen aus Physik, Chemie und Biologie einschließlich Physiologie vollzogen werden. Es ist so viel wie möglich „Grundwissen" in die Theorie bzw. in die Modellbildung einzubringen (vgl. Abschn. 5.3. bis 5.4.), denn auch aus umfangreichen Beobachtungsdaten über ein Gewässer läßt sich die gesamte Mannifaltigkeit möglicher Verhaltensweisen nicht ablesen, weil sie in der Natur nicht ständig „durchgespielt" wird.

Ein (aquatisches) Ökosystem ist ein physikalisch-chemisch-biologisches System: Die Lebewesen stehen untereinander und mit ihrer abiotischen Umgebung in Wechselwirkung. Das biologische Geschehen ist ohne die Einbettung in die abiotische, d. h. physikalisch-chemische „Umwelt" nicht möglich. Hingegen ist eine abiotische Zone mindestens in einem begrenzten Raumbereich und für ein begrenztes Zeitintervall denkbar. Eine Theorie der (aquatischen) Ökosysteme sollte daher physikalische, chemische und biologische „Elemente" (Variable, Prozesse) kombinieren. Sie muß so beschaffen sein, daß die „Biokomponenten" ohne die abiotischen Komponenten nicht existieren können. Wohingegen diese Theorie im Grenzfall verschwindender „Biokomponenten" in bekannte Gleichungen der theoretischen Physik und Chemie übergehen muß. (Vgl. Abschn. 5.4.)

In den folgenden Abschnitten werden einige Erläuterungen gegeben und Gedanken zu möglichen Lösungswegen kurz dargelegt.

5.2. Zur Bedeutung der genaueren meßtechnischen und theoretischen Erfassung der Variabilität des Ökosystems

Zur Vereinfachung der mathematischen Probleme der Modellierung aquatischer Ökosysteme werden stationäre Zustände untersucht bzw. örtliche Unterschiede in Kenngrößen der Wasserbeschaffenheit innerhalb eines Sees vernachlässigt. Die theoretische Analyse stationärer Zustände eines Systems liefert wichtige, aber unvollständige Informationen über dieses System. In nicht zu großen Zeitmaßstäben zeigen größere Seen unterschiedliche Wasserbeschaffenheit in ihren verschiedenen Teilen, z. B. in Buchten und Küstenzonen (Schindler et al. [130], Welch u. Lindell [166] und viele andere Untersuchungen). Zusammen mit den raum-zeitlichen Veränderungen müssen in Zukunft auch die strukturelle und die funktionelle Variabilität der aquatischen Ökosysteme unbedingt genauer erforscht und in die Theorie einbezogen werden, weil sie das Verhalten des Systems wesentlich mitbestimmen und für Prognosen keineswegs vernachlässigbar sind.

Die räumlichen Strukturen der physikalischen Felder (wie Strömung, Temperatur und Lichtverteilung), der Konzentrationen anorganischer oder organischer chemischer Verbindungen und auch der Biomassen von Organismenpopulationen unterliegen zeitlichen Veränderungen unterschiedlichen Maßstabes. Daß Raum- und Zeitmaßstab gekoppelt sind, kann man beobachten und auch theoretisch begründen (Richerson et al. [115], Mortimer [88], Dubois [33, 34], Kemp, Mitsch [68], O'Neill et al. [102, 103], Okubo [96], Verhagen [158]). Diese Kopplung besteht bereits zwischen dem Wachstum einer Population und den Diffusionsvorgängen im Gewässer. Hochfrequente Prozesse sind in der Regel auf kleinere Räume beschränkt als langsam ablaufende Vorgänge. Durch die Überlagerung und Wechselwirkung von Prozessen verschiedener Maßstäbe entsteht im aquatischen Ökosystem ein kompliziertes „Umweltmosaik" für die Organismen. Soweit diese Strukturen und ihre Veränderungen natürlichen Ursprunges sind, also schon während der biologischen Evolution wirkten, haben die Organismengemeinschaften sich angepaßt, indem sie ein Spektrum von Reaktionen entwickelten. Ein physikalisch und chemisch stark strukturiertes Gewässer enthält Nischen für ein breiteres Artenspektrum. Zeitliche Konstanz physikalischer Bedingungen kann die Erhaltung der Biozönose begünstigen.

Kurzperiodische Umweltschwankungen werden durch physiologische Prozesse weitgehend ausgeglichen (z. B. durch Auf- oder Abbau von Chlorophyll). Da dies aber durch verschiedene Spezies unterschiedlich gut und mit unterschiedlichen Zeitverzögerungen erfolgt (Harris [54]), können auch kurzperiodische Umweltschwankungen die Artenzusammensetzung und die Sukzessionen beeinflussen. Manche periodische Veränderungen der Biozönose konnten den Schwankungen externer Einflußfaktoren zugeordnet werden (z. B. Allen et al. [3], Harris u. Piccinin [55], Harris, Smith [56]).

Die raum-zeitlichen Schwankungen einiger physikalischer Zustandsgrößen des Gewässers werden in starkem Maße durch atmosphärische Einwirkungen gesteuert, z. B. die niederschlags- und windbedingten Strömungs- und Durchmischungsverhältnisse im Gewässer mit ihren Auswirkungen auf die von Ein- und Ausstrahlung abhängige Temperaturverteilung und auf die Biozönose. Langperiodische Schwankungen der Globalstrahlung und des Niederschlages (Olberg [97]) prägen sich bei nährstoffreichen, lichtlimitierten Seen in langperiodischen Schwankungen (4 bis 7 Jahre) des Sestongehaltes aus (Ahl [1], Behrendt, Stellmacher [11]). Es muß mit der Möglichkeit gerechnet werden, daß noch langsamere Zustandsänderungen der Atmosphäre sich unter bestimmten Umständen ebenfalls auf die Gewässerbeschaffenheit auswirken (vgl. auch Abschn. 3.1.).

Andere raum-zeitliche Zustandsschwankungen im aquatischen Ökosystem sind internen Ursprungs. Auf die lokalen Lichtverhältnisse und die Konzentrationen der anorganischen Pflanzennährstoffe und der anderen chemischen Wasserinhaltsstoffe übt die Biozönose selbst einen erheblichen Einfluß aus. Die Mikroumgebung der Phytoplankter steht in engem Zusammenhang mit der Bakteriozönose. Diese reagiert sehr schnell auf Veränderungen der Umweltfaktoren. Die von Mikroorganismen gesteuerten Stoffwechselprozesse im aquatischen Ökosystem verlaufen außerordentlich rasch und gehören zu den autogenen Faktoren, die Wachstumsvorgänge und Sukzessionen regulieren.

Die Variabilität des „Umweltmosaiks", teils allogen (d. h. in den physikalischen Feldern und chemischen Wasserinhaltsstoffen), teils autogen (d. h. als Folge von biologischen Vorgängen) erlaubt eine hohe Diversität der Biozönose und beeinflußt die Dominanzverhältnisse und Sukzessionen, welche ihrerseits dieses Mosaik mitgestalten. Ein Habitat bildet sich aus, wird durch bestimmte Spezies genutzt, aber auch beeinflußt. Auto- und allogene Habitatveränderungen führen zur Schwächung dieser Spezies und zum Anwachsen anderer Arten. Prognosen der Artendominanzen und Sukzessionen dürften, wenn überhaupt, dann nur mit meßtechnischer Erfassung dieses Umweltmosaiks und bei Einbeziehung dieser Wechselwirkungen in die Theorie möglich sein.

Es handelt sich dabei aber nicht nur um ein Problem der Beobachtung und Theorie. Als Voraussetzung für eine Erklärung von Dominanzen und Sukzessionen ist die bessere Einbeziehung von Ergebnissen autökologischer Untersuchungen erforderlich. Man wird zum Beispiel die Algenblüten nur sehr begrenzt verstehen können, wenn man ein Modell benutzt, welches das Phytoplankton in einer, zwei oder drei „Komponenten" zusammenfaßt und einen einzigen oder zwei Regulatoren für die Sukzessionserscheinungen verwendet, z. B. räumliche Mittelwerte für Temperatur und/oder Licht. Nur für bestimmte Seezustände (z. B. hoher Eutrophierungsgrad) trifft eine solche Approximation zu. Die Suche nach einem einzigen „universellen" Regulator für Sukzessionen, sei es auch nur für einen bestimmten Raumbereich, steht im Widerspruch zur Bedeutung der Variabilität vieler autogener und allogener Steuerfaktoren für Sukzessionen und zu den charakteristischen Unterschieden in den Reaktionen der verschiedenen Organismenarten gleicher bzw. verschiedener Trophiestufe (Smayda [140]). Zum Beispiel verlaufen Nannoplankton-Sukzessionen schnell und praktisch ohne Verzögerung gegenüber den sie induzierenden Faktoren. Allgemein ist diese Verzögerung (time lag) bei den Reaktionen von Populationen deutlich größer als bei physiologischen Reaktionen und am größten für Sukzessionen.

Die natürliche Variabilität des Phenotyps und Genotyps innerhalb jeder Population, die sich zum Beispiel in den Respirations- und/oder Ingestionsraten zeigen kann, bedingt, daß die Individuen einer Population auf das „Umweltmosaik" unterschiedlich reagieren können. O'Neill [100] hat an einfachen Gleichungen gezeigt, daß unter bestimmten Bedingungen die Vernachlässigung dieser Variabilität die Zuverlässigkeit von Prognosen erheblich beeinträchtigen kann.

Anthropogene Einwirkungen stören als neuartige bzw. plötzliche oder irreguläre Beanspruchung das Ökosystem, das sich im Laufe der biologischen Evolution nur an bestimmte natürliche periodische oder quasiperiodische Veränderungen des Umweltmosaiks angepaßt hat. Je häufiger und tiefer unregelmäßige Störungen eingreifen, desto „gesetzmäßiger" wird ihre Auswirkung: Es entsteht eine einseitige Organismengemeinschaft. Kleine schnellwüchsige Arten, die starke Verluste rasch ausgleichen können, herrschen dann vor (Uhlmann [155]). Hingegen können regelmäßige periodische Veränderungen der äußeren Bedingungen („Alternierendes Regime") zu einer hohen Diversität und Produktivität des an diese Schwankungen nach Zeitpunkt, Periode und Phase angepaßten Ökosystems führen. Man denke etwa an den Wechsel von Hochwasser- und Trockenperioden tropischer Ströme wie Mekong und Nil. Auch in wesentlich kleineren Raum-Zeit-Maßstäben spielen derartige Effekte eine wichtige Rolle. Hocheffektive Wachstumsphasen werden induziert, Klimaxstadien weitgehend verhindert.

Die natürlichen oder anthropogenen raum-zeitlichen bzw. strukturellen Veränderungen des aquatischen Ökosystems sind durch ihr „mittleres Niveau", ihre Perioden, Amplituden und Phasenverschiebungen gekennzeichnet. Meßtechnik und Theorie müssen diese Größen zu erfassen suchen. Laboratoriumsuntersuchungen müssen diese Verhältnisse im Gewässer nachbilden, wenn ihre Ergebnisse übertragbar sein sollen. Die Untersuchungsmethoden im Labor und in Gewässern sind den natürlichen Rhythmen (auch den „biologischen Uhren") und Phasenverschiebungen anzupassen. Diese Forderung begrenzt für Untersuchungen in kleinen Raum-Zeit-Maßstäben die Anwendbarkeit einiger gebräuchlicher Methoden, z. B. der Flaschenmethode zur Primärproduktionsmessung, der Michaelis-Menten-Kinetik, des Konzeptes eines einzigen limitierenden „Minimumfaktors" und der Übertragbarkeit von Meßergebnissen an stationären Laborkulturen auf Naturverhältnisse.

Die zu entwickelnde Theorie wird weder rein stochastischer noch rein deterministischer Natur sein, sondern beide Aspekte koppeln müssen. Zwar kann das Umweltmosaik den Eindruck eines stochastischen Geschehens erwecken. Die Anwesenheit eines speziellen Plankters an einer bestimmten Stelle ist aber nicht „zufälliger" als das Wachsen einer Pflanze in einer erdegefüllten Felsenspalte. Da es zu aufwendig sein dürfte, an jedem Gewässer aufs neue allen Ursache-Wirkungsmechanismen nachzugehen, muß die Forschung danach streben, allgemeine Gesetzmäßigkeiten auch für diese bisher wenig erforschten „kleinen" Raum-Zeit-Maßstäbe aufzufinden und daraus eine Modellierungsmethodik abzuleiten.

5.3. Kybernetische Modellierung aquatischer Ökosysteme

Die Kybernetik wurde von Wiener [167] ausdrücklich als Lehre von den Steuerungen, Regelungen und Informationsübertragungen in technischen Systemen und in Organismen begründet. Aus der fast unübersehbaren Literatur zur stärker biologisch orientierten Kybernetik können nur wenige Stichproben erwähnt werden: Romanovskij et al. [117, 118], Fleishman [41], Antomonov [4], Kogan [70], Straškraba [145], Svirežev, Logofet [149], Straškraba [146], Gnauck, Straškraba [44].

Die kybernetische Ökologie versucht, Zustand und Entwicklung des Ökosystems zu erklären, indem angenommen wird, daß die internen Steuerungsmechanismen Optimierungsprinzipien genügen, z. B. dem „Evolutionsprinzip" von Mac Arthur [74] oder Slobodkin, Rapoport [139] bzw. dem Postulat maximalen Wachstums von Fisher [40]. Physikalische Bedingungen wirken als Restriktionen. Chanin et al. [24] verwenden dieses Prinzip für Individuen und Spezies. Die Formulierung von Optimalitätsprinzipien für Ökosysteme erfordert die Kopplung mit der Theorie des hierarchischen Systemaufbaus und der hierarchischen Steuerung (Findeisen [39], Haimes [49], O'Neill [101], Singh [137, 138]). Dabei wird vorausgesetzt, daß sich in jeder Trophieebene Selbstoptimierung — eventuell für gewisse Organismengruppen unabhängig voneinander — vollzieht. Es ist also eine Polyoptimierung vorzunehmen. Das Zielfunktional des Gesamtsystems umfaßt die gewichteten Teilziele der Subsysteme und muß deren Kopplung richtig erfassen. Eine weitere Zielfunktion ist in die Polyoptimierung einzubeziehen, wenn gezielte anthropogene Beeinflussungen des Ökosystems Gegenstand der Modellierung sind. Die Selbstadaptation des Systems an veränderte äußere Bedingungen spiegelt sich als Optimierung der Parameterwerte wider. Werden die Grenzen der Anpassungsmöglichkeit der Organismengemeinschaft überschritten, dann ändern sich Struktur und Funktion des Ökosystems, was im kybernetischen Modell einer „Selbstorganisationssteuerung" entspräche (Straškraba [147]).

Als eine Möglichkeit, die schwer zu modellierenden Strukturänderungen der Biozönose mit Hilfe eines kontinuierlichen Parameters zu approximieren, schlagen etwa seit 1975 Straškraba [143] und Steele, Frost [141] — aufbauend auf Eppley, Sloane [38] — und andere vor, die Phytoplankton-Spezies durch ihr spezifisches Zellvolumen zu charakterisieren, weil dieses die Nährstoffaufnahme, Wachstumsgeschwindigkeit, Respiration, Selbstbeschattung und die Fraßverluste durch Zooplankton wesentlich mitbestimmt. Nach der Methode der dynamischen Optimierung nichtlinearer Systeme werden optimale Zellvolumina als Indiz für das optimale Artenspektrum ermittelt. Eine strenge mathematische Lösung des Problems der Selbstorganisation aquatischer Ökosysteme im Rahmen der kybernetischen Ökologie liegt unseres Wissens noch nicht vor. Auf die Bedeutung des Aggregationsfehlers für diese Betrachtungsweise verwiesen O'Neill, Rust [102]. Wesentliche Beiträge zur Vertiefung der theoretischen Grundlagen leistete Flejšman [41, 42].

5.4. Thermodynamische Theorie aquatischer Ökosysteme

Wenn wir bei der Weiterentwicklung der Theorie aquatischer Ökosysteme bestrebt sind, die in den Grundgesetzen der Physik und Chemie akkumulierten Kenntnisse voll einzubeziehen, dann gehen wir von der These aus, die bereits Ostwald [105] und Bertalanffy [15, 16] vertreten haben, daß die biologischen Vorgänge die Grundgesetze der Physik und Chemie nicht verletzen, mögen diese Gesetze auch nicht ausreichen, das biologische Geschehen vollständig zu beschreiben. Weil das biologische Geschehen ohne die Einbettung in die abiotische „Umwelt" nicht möglich ist, durch sie geprägt wird und die Gewässerbeschaffenheit durch die Gesamtheit physikalischer, chemischer und biologischer Zustandsgrößen charakterisiert wird, muß die Theorie physikalische, chemische und biologische

„Elemente“ (Variable, Prozesse) koppeln. Diese Kopplung muß, wie in Abschnitt 5.1. gefordert wurde, so erfolgen, daß die Gleichungen im Grenzfall verschwindender Biokomponenten in bekannte Gleichungen der theoretischen Physik und Chemie übergehen.

Wir bevorzugen den direkten Zugang zu einer makroskopischen Theorie, weil die mikroskopische Zerlegung eines aquatischen Ökosystems wegen der unübersehbaren Zahl und Komplexität der intrazellulären Mikroprozesse nicht der geeignete Ausgangspunkt für die Entwicklung einer makroskopischen Theorie sein dürfte.

Für die Weiterentwicklung der makroskopischen Theorie der Gewässerbeschaffenheit bietet sich eine Erweiterung der nichtlinearen Thermodynamik irreversibler Prozesse an, weil diese in der erprobten Form bereits die physikalischen, physikochemischen und chemischen Prozesse umfaßt (De Groot [27], Haase [47], Baranowski [5], Meixner und Reik [83], Glansdorff, Prigogine [43], Ebeling [35] etc.). Von den Anwendungen der Thermodynamik auf biologische Systeme seien als einige Beispiele genannt: Bertalanffy [15], Schrödinger [133], Katchalsky, Curran [67], Morowitz [87], Odum [94], Zotin [168, 169, 170], Rubin [120], Nicolis, Prigogine [91], Bertalanffy, Beier, Laue [17], Schnakenberg [131], Michajlovskij [86].

Die Weiterentwicklung der Thermodynamik irreversibler Prozesse zur thermodynamischen Theorie der Gewässerbeschaffenheit erfordert die schrittweise Einbeziehung der für das Gesamtsystem wichtigsten biologischen Effekte, was im Kern auf eine Erweiterung der Gibbschen Fundamentalgleichung hinausläuft (Mauersberger [76, 77]). Erkenntnisse der Hydrobiologie und Ökophysiologie bilden die Basis für diese Erweiterung einer primär physikalisch-chemischen Theorie auf das physikalisch-chemisch-biologische „Gesamtsystem“. Von der Anwendung der Thermodynamik irreversibler Prozesse zur Erklärung der biologischen Evolution (vgl. z. B. Eigen, Schuster [36]) unterscheidet sich die Thermodynamik der Gewässerbeschaffenheit dadurch, daß keine Theorie von Lebewesen oder mikrobiologischen Prozessen entwickelt werden soll. Die Existenz von Wasserlebewesen mit bestimmten Eigenschaften (einschließlich ihrem Adaptionsvermögen) wird als gegeben betrachtet.

Die nichtlineare Thermodynamik irreversibler Prozesse untersucht Systeme mit Eigenschaften, die uns bei allen Typen von Wasserressourcen begegnen, die — thermodynamisch gesehen — offene Systeme sind, welche mit ihrer Umgebung Energie (solare Einstrahlung, Wärmeströme) und Materie austauschen (mit der Atmosphäre, in Zu- und Abflüssen). Stoffströme, die das System durchsetzen, sichern den Energieimport und den Export der innerhalb des Systems durch dissipative Prozesse erzeugten Entropie. Die Systeme sind nichtlinear, da die chemischen Reaktionen und biologischen Vorgänge, aber auch ein Teil der mechanischen Prozesse nichtlinear sind. Die Systeme befinden sich weit außerhalb des thermostatischen Gleichgewichtes, jenseits der durch kritische Werte der thermodynamischen Flüsse und Kräfte bestimmten diskontinuierlichen Übergänge zu „dissipativen Strukturen“, d. h. zu organisierten Zuständen. Diese Organisation äußert sich in räumlichen, zeitlichen bzw. funktionalen Strukturen und dem Auftreten alternativer stabiler Zustände (Trigger-Verhalten).

In der thermodynamischen Theorie der Gewässerbeschaffenheit können explizite Darstellungen der Entropie und anderer thermodynamischer Funktionen auch für die biologischen Komponenten des Ökosystems auf der Grundlage der Theorie verdünnter Lösungen bestimmt werden (Mauersberger [79]). Entropie und Entropieproduktion erweisen sich als Größen, die praktisch von allen hydrophysikalischen, hydrochemischen und hydrobiologischen Variablen und Prozessen abhängen. Durch das Entropieprinzip werden alle diese Größen in einigen wenigen Gleichungen zusammengefaßt, aus denen sich bekanntlich Aussagen zum Systemverhalten ohne vollständige Integration des Systems der nichtlinearen Bilanzgleichungen gewinnen lassen, z. B. Aussagen über die Stabilität stationärer Zustände und die Existenz von Verzweigungspunkten bzw. Mehrfachlösungen. In der Umgebung von Verzweigungspunkten muß das System zwischen mehreren Lösungszweigen „wählen", welche gleiche Randbedingungen erfüllen. Dabei spielen interne oder extern angeregte Fluktuationen von Ökosystemkomponenten eine entscheidende Rolle. Sie können anwachsen und das System in einen „neuen" Zustand überführen, der einem anderen Lösungszweig entspricht. Da durch die makroskopischen Gleichungen nicht eindeutig festgelegt wird, was in solchen „kritischen Systemzuständen" geschieht, gewinnen dort die Schwankungen einen so großen Einfluß auf die Entwicklung des Systems. Die deterministische Beschreibung kann allein also keine konsistente Darstellung der zeitlichen Entwicklung des Ökosystems liefern. Sie muß durch eine stochastische Theorie ergänzt werden, wobei allerdings zu beachten ist, daß in der Nähe der Verzweigungspunkte das Gesetz der großen Zahlen nicht mehr gilt und die Eindeutigkeit der Lösung von Master-Gleichungen für die Wahrscheinlichkeitsverteilungen von Zustandsgrößen verloren geht (Nicolis, Prigogine [91]). Die thermodynamische Theorie erlaubt nicht nur die Kopplung der deterministischen und der stochastischen Betrachtungsweisen, sondern zeigt Stellen, wo diese Kopplung vorgenommen werden muß (vgl. auch Mauersberger [77, 78]).

Es gibt keine scharfen Grenzen zwischen der thermodynamischen und der biokybernetischen Theorie aquatischer Ökosysteme, da Ökosysteme gekennzeichnet sind durch Nichtgleichgewichtsprozesse, Entropieexport, Nichtlinearität und Kooperativität, Multistabilität, Informationsspeicherung und -verarbeitung, Nachwirkungseffekte, Selbstorganisation, hierarchische Strukturen usw. Die thermodynamische Theorie erstrebt die Synthese mit biokybernetischen Methoden.

Der Zweite Hauptsatz dient in der thermodynamischen Theorie aquatischer Ökosysteme als „Filter" bei der Wahl richtiger Ansätze für die makroskopische Beschreibung biologischer Prozesse: Aus sehr allgemeinen Formen der Massenbilanzen werden die mathematischen Beziehungen zwischen Produktions- bzw. Destruktionsraten (Primärproduktion, Respiration, ...) und den sie verursachenden „Affinitäten" sowie die Gesetze der Populationsdynamik hergeleitet, wobei von einem Optimalprinzip Gebrauch gemacht wird, das die determinierte Entwicklung des Ökosystems nur für begrenzte Zeitabschnitte voraussetzt (Mauersberger [81]).

Die Theorie liefert also die funktionalen Beziehungen zwischen den Raten und den Affinitäten (MAUERSBERGER [80]), beschränkt aber zugleich den Gültigkeitsbereich dieser deterministischen Beziehungen.

Die Theorie, die zugleich die Synthese mit der kybernetischen Betrachtungsweise erstrebt, ist bisher nur in ihren Grundzügen entwickelt worden. Bei ihrem weiteren Ausbau müssen unter anderem erfaßt werden: Membraneffekte, Metabolisierungsleistung und Reproduktion der Biokomponenten, natürliche Bandbreiten sowohl der Biomassenzusammensetzung als auch der Produktions- bzw. Destruktionsraten, interne Entropieerzeugung und gesteuerter Entropieexport der Lebewesen in verschiedenen Lebensphasen (Ruhephasen, Wachstum, Alterung). Der Gültigkeitsbereich der Theorie kann im ständigen Vergleich mit Beobachtungsergebnissen durch schrittweise Vervollkommnung der Grundannahmen über die biologischen Prozesse ausgedehnt werden. Vielleicht können dabei auch Beiträge zur Beantwortung der Frage geleistet werden, in welchen Grenzen die funktionale Behandlung biologischer Prozesse und Systeme eine vollständige sein kann (BERTALANFFY, BEIER, LAUE [17]). Eine umfassende Theorie, eine „Metatheorie", mit deren Hilfe die Gültigkeitsgrenzen der thermodynamischen Theorie der Gewässerbeschaffenheit abgesteckt werden könnten (vgl. TREDER [154]), existiert noch nicht.

6. Schluß

In diesem Vortrag wurde versucht, Möglichkeiten und Grenzen der Prognose der Gewässerbeschaffenheit aufzuzeigen. Die derzeitigen Kenntnisse über aquatische Ökosysteme und die verfügbaren mathematischen Modelle dieser Systeme erlauben die Prognose der Veränderung dieser Systeme, solange sich deren Belastung nicht erheblich ändert. Das Streben der Forschung, diese Möglichkeiten zu erweitern bzw. prinzipielle Grenzen der Prognostizierbarkeit schärfer herauszuarbeiten, ist auf einen Erkenntnisfortschritt gerichtet, der zur besseren, gesunde Ökosysteme bewahrenden Nutzung der Gewässer durch die Gesellschaft beitragen soll bzw. für eine optimale technische oder biologische Restaurierung von Gewässern benötigt wird (KLAPPER [69], SHAPIRO [134, 135, 136]). Es wird damit an der Erfüllung von Forderungen gearbeitet, die u. a. UHLMANN [155] und MAUERSBERGER [75] formulierten.

7. Zusammenfassung

Der Zustand und die weitere Entwicklung der Oberflächengewässer und des unterirdischen Wassers werden in starkem Maße durch die Intensität und Form ihrer Inanspruchnahme durch die Gesellschaft beeinflußt. Umgekehrt wirkt der Zustand der Gewässer immer stärker auf die Entwicklung der Gesellschaft zurück. Deshalb müssen sorgfältige Analysen des Zustandes und Prognosen der Veränderungen der Gewässer stets Bestandteil volkswirtschaftlicher Entscheidungen sein. Daraus resultiert die Frage: Innerhalb welcher Grenzen, mit welcher Unsicherheit und mit welchem Risiko ist es möglich, Veränderungen der Wasserbeschaffenheit im Grundwasser und in Oberflächengewässern zu prognostizieren, wenn eine starke Veränderung der Inanspruchnahme vorgesehen ist — wobei es sich sowohl um eine Erhöhung als auch um eine Erniedrigung der genutzten Wassermenge bzw. des Stoffeintrages in ein Gewässer handeln kann.

Die hydrologische Forschung ist bestrebt, Berechnungsverfahren („mathematische Modelle") zu entwickeln, die nicht nur eine Simulation des Zustandes, sondern auch die Prognose der Veränderung aquatischer Ökosysteme unter veränderter Inanspruchnahme erlauben. In der Wasser- bzw. Volkswirtschaft sollen diese Verfahren, gekoppelt mit ökonomischen Entscheidungsmodellen, zur optimalen Entscheidungsfindung bei vorgegebener Zielfunktion beitragen, da mit ihnen Lösungsvarianten schneller und gefahrloser durchgespielt werden können als mit Naturversuchen. Zum Beispiel ermöglichen Modelle vom Vollenweider-Typ Prognosen des Erwartungswertes der mittleren Biomasse (bzw. des mittleren Chlorophyll-a-Gehaltes) für einen See oder eine Talsperre aus der bekannten Zufuhr an Phosphorverbindungen für ein längeres Zeitintervall (mindestens ein Jahr). Der Versuch, diese Methodik auf kürzere Zeiträume zu übertragen, etwa auf Saisonwerte, mißlingt. Die mathematische Beschreibung des Jahrganges von Zustandsgrößen der Wasserbeschaffenheit gelingt mit nichtlinearen biokybernetischen Modellen, allerdings nur innerhalb der Belastungsgrenzen für das Gewässer, innerhalb derer das mathematische Modell aus den Beobachtungsdaten abgeleitet wurde. Die Prognose für starke Änderungen der Inanspruchnahme ist sehr unsicher. Zeitpunkt, Artenzusammensetzung und Biomasse der nächsten Algenblüte in einem bestimmten Gewässer können ebenfalls nicht vorausgesagt werden, spielen aber für die Fahrweise eines Wasserwerkes, das Rohwasser diesem See entnimmt, eine wesentliche Rolle.

Nur eine tiefere Kenntnis der Gesetze der Ökosystemdynamik kann die Basis für zuverlässigere und weitere Erscheinungen erfassende Prognosen der Wasserbeschaffenheit bilden. Meßtechnisch müssen kurzzeitige und kleinräumige Variationen der physikalischen, chemischen und biologischen Zustandsgrößen und Prozesse in ihrer Wechselwirkung untereinander und mit der Umgebung des Gewässers genauer erfaßt und analysiert werden. Stoffen, die in Mikrokonzentrationen im Gewässer wirken (Vitamine, Mikronährstoffe der Algen wie bestimmte Metalle, Ektotoxine usw.) ist verstärkt Aufmerksamkeit zuzuwenden. Das erfordert einerseits eine verbesserte apparative Ausstattung der Forschungslaboratorien, andererseits eine Ökonomie der Datengewinnung und Datennutzung durch enge Kopplung der Meßprogramme mit einer entscheidend weiterentwickelten Theorie. Diese kann nicht nur auf Methoden der angewandten Systemanalyse und kybernetischen Ansätzen beruhen, sondern muß die fundamentalen Gesetze der Physik, Chemie und Biologie als Ausgangsbasis nutzen. Denn auch aus umfangreichen Beobachtungsdaten über ein Gewässer läßt sich die Gesamtheit möglicher Verhaltensweisen nicht ablesen, weil sie in der Natur und auch unter anthropogener Einwirkung nicht ständig „durchgespielt“ wird. Aus der Theorie der Gewässerbeschaffenheit bzw. Theorie aquatischer Ökosysteme muß die „Modellierungsmethodik“ folgen, d. h. müssen die Berechnungsverfahren (Modelle) zur Lösung bestimmter Fragestellungen für ein bestimmtes Gewässer abgeleitet werden. Als makroskopische Theorie bietet sich eine Erweiterung der Thermodynamik irreversibler Prozesse an, die in ihrer nichtlinearen Fassung die physikalischen, physikochemischen und chemischen Prozesse im Gewässer bereits erfaßt. Die Erweiterung zielt auf die Einbeziehung biologischer Effekte, was im Kern auf eine Erweiterung der Gibbschen Fundamentalgleichung hinausläuft. Entropie und Entropieproduktion sind Größen, die von allen hydrophysikalischen, hydrochemischen und hydrobiologischen Variablen und Prozessen abhängen. Durch das Entropieprinzip werden alle diese Größen in einigen wenigen Gleichungen zusammengefaßt, aus denen sich wesentliche Aussagen über das Verhalten des aquatischen Ökosystems ohne vollständige Integration des Systems der nichtlinearen Bilanzgleichungen gewinnen lassen. Beziehungen zwischen Funktionen und Strukturen des Ökosystems werden aufgedeckt. Strukturänderungen bei erheblich veränderter Inanspruchnahme des aquatischen Ökosystems werden unter gewissen Bedingungen (nahe Verzweigungspunkten der Lösung der deterministischen Gleichungen) entscheidend durch anwachsende Fluktuationen beeinflußt. In diesen Entwicklungsphasen des Ökosystems muß die deterministische Beschreibung durch die stochastische Betrachtungsweise ergänzt werden.

Literatur

[1] Ahl, T. 1979: Natural and human effects on trophic evolution. Arch. hydrobiol., Beih. Ergebn. Limnologie 13, 259—277.

[2] Albrecht, D., K. R. Imhoff 1978: Der Einfluß des Wetters auf die biogene Sauerstofferzeugung und -veratmung in der regulierten Ruhr. Gas- u. Wasserfach, Wasser-Abwasser 119, 60—65.

[3] Allen, T. F. H., S. M. Bartell, J. F. Koonce 1977: Multiple stable configurations in ordination of phytoplankton community change rates. Ecology 58, 1076—1084.

[4] Antomonov, J. G. 1977: Modelirovanie biologičeskich sistem (Modellierung biologischer Systeme). Naukova Dumka, Kiev (russ.).

[5] Baranowski, B. 1975: Nichtgleichgewichtsthermodynamik in der physikalischen Chemie. VEB Dt. Verlag Grundstoffindustrie, Leipzig.

[6] Baumert, H., V. Peukert 1976: Untersuchung über die Quervermischung von Abwasser in Fließgewässern anhand von Sauerstoffprofilen. Wasserwirtschaft-Wassertechnik (WWT) 26, 24—27.

[7] Beck, M. B. 1975: The identification of algal population dynamics in a freshwater stream. In: G. C. Vansteenkiste (Ed.), Computer Simulation of Water Resources Systems. North-Holland Publ. Comp., Amsterdam. pp. 483—494.

[8] Beck, M. B. 1978: A comparative case study of dynamic models for DO-BOD-algae interaction in a freshwater river. Internat. Inst. Appl. Systems Analysis (IIASA), Laxenburg. Res. Report RR-78-19 (64 S.).

[9] Beck, B. M. 1981: Hard or soft environmental systems. Ecological Modelling 11, 121—132 (IIASA: WP-80-25, 1980).

[10] Beeton, A. M. 1969: Changes in the environment and biota of the Great Lakes. In: Eutrophication, Causes, Consequences, Corrections. National Acad. Sci. USA. pp. 150—187.

[11] Behrendt, H., R. Stellmacher 1982: Bemerkungen zur Beeinflussung von Ökosystemen durch meteorologische Faktoren. (Pers. Mitteilung).

[12] Beljaev, V. I. 1980: Matematičeskoe modelirovanie ekosistem morej i okeanov. (Mathematische Modellierung der Ökosysteme der Meere und Ozeane.) Itogi nauki i techniki, obščaja ekologija, biocenologija, gidrobiologija. Tom. 5, VINITI, Moskva. pp. 105—153.

[13] Benndorf, J. 1979: Kausalanalyse, theoretische Synthese und Simulation des Eutrophierungsprozesses in stehenden und gestauten Gewässern. Dissertation (B), Techn. Univ. Dresden. (165 S.)

[14] Benndorf, J., F. Recknagel 1979: Experimente mit einem dynamischen ökologischen Modell der Freiwasserregion von Talsperren und Seen. Acta hydrochim. hydrobiol. 7, 473—490.

[15] Bertalanffy, L. v. 1940: Der Organismus als physikalisches System betrachtet. Naturwiss. 28, 521—527.

[16] Bertalanffy, L. v. 1953: Biophysik des Fließgleichgewichts, Vieweg, Braunschweig.

[17] Bertalanffy, L. v., W. Beier, R. Laue 1977: Biophysik des Fließgleichgewichtes, Akad.-Verl. Berlin.

[18] Bierman, V. J., F. H. Verhoff, T. C. Poulson, M. W. Tenney 1974: Multinutrient dynamic model of algal growth and species competition in eutrophic lakes. In: E. Middlebrooks, D. H. Falkenberg, T. E. Maloney (Eds.), Modelling the Eutrophication Process. Ann Arbor Sci., Ann Arbor, Michigan. pp. 89—109.

[19] Biswas, A. K. (Ed.) 1981: Models for Water Quality Management. McGraw Hill, New York.

[20] Bledsoe, L. J. 1976: Linear and nonlinear approaches for ecosystem dynamic modeling. In: B. C. Patten (Ed.), Systems Analysis and Simulation in Ecology, Vol. 4, Acad. Press, New York. pp. 283—298.

[21] Bloesch, J. 1974: Sedimentation und Phosphorhaushalt im Vierwaldstättersee und im Rotsee. Schweiz. Z. Hydrol. 36, 71—186.

[22] Buchheim, W. 1981: Pers. Mitteilung.

[23] Canale, R. P., L. M. De Palma, A. H. Vogel 1976: A plankton-based food-web model for Lake Michigan. In: R. P. Canale (Ed.), Modeling Biochemical Processes in Aquatic Ecosystems. Ann Arbor Sci., Ann Arbor, Michigan. pp. 33—74.

[24] Chanin, M. A., N. L. Dorfman, J. B. Bucharov, V. G. Levadny 1978: Ekstremal'nye principy v biologii i fiziologii. (Extremalprinzipien in Biologie und Physiologie.) Nauka, Moskva (russ.).

[25] Chapra, S. C., S. J. Tarapchak 1976: A chlorophyll—a model and its relationship to phosphorous loading plots for lakes. Water Resourc. Res. 12, 1260—1264.

[26] Cushing, D. H., R. R. Dickson 1976: The biological response in the sea to climatic changes. Advances Mar. Biol. 14, 1—122.

[27] De Groot, S. R. 1952: Thermodynamics of Irreversible Processes. North-Holland Publ. Comp., Amsterdam.

[28] Dillon, P. A. 1974: A critical review of Vollenweider's nutrient budget model and other related models. Water Resourc. Res. 10, 969–989.

[29] Di Torro, D. M. 1969: Stream equations and method of characteristics. Proceed. ASCE, J. Sanit. Eng. Div. 95, 699–703.

[30] Di Torro, D. M., D. J. O'Connor, R. V. Thomann, J. L. Mancini 1975: Phytoplankton-zooplankton-nutrient interaction model for western Lake Erie. In: B. C. Patten (Ed.), Systems Analysis and Simulation in Ecology, Vol. 3, Acad. Press, New York. pp. 423–474.

[31] Droop, M. R. 1973: Some thoughts on nutrient limitations in algae. J. Phycol. 9, 264–272.

[32] Droop, M. R. 1974: The nutrient status of algal cells in continuous culture. J. Mar. Biol. Ass. U.K. 54, 825–855.

[33] Dubois, D. M. 1975: A model of patchiness for prey-predator plankton populations. Ecolog. Modelling 1, 67–80.

[34] Dubois, D. M. 1977: On mathematical modelling of complex ecosystems: Application to marine planktonic patchiness. Helgoländ. Wiss. Meeresunters. 30, 76–82.

[35] Ebeling, W. 1976: Strukturbildung bei irreversiblen Prozessen. Teubner-Verl., Leipzig.

[36] Eigen, M., R. Schuster 1977: The hypercycle, a principle of natural self-organization. Part 1: Emergence of the hypercycle. Naturwiss. 64, 541–565.

[37] Engelmann, G. 1978: Untersuchungen zur Wirkung von Schwermetallsalzen auf Gewässerbiocoenosen. Karlsruhe. (114 S.)

[38] Eppley, R. W., P. R. Sloane 1966: Growth rates of marine phytoplankton: Correlation with light absorption by chlorophyll-a. Physiol. Plant. 19, 47–59.

[39] Findeisen, W. 1977: Hierarchische Steuersysteme. Verl. Technik, Berlin.

[40] Fisher, R. A. 1953: Population genetics. Proceed. Roy. Soc. London Ser. B, 141, 510–523.

[41] Fleishman, B. S. 1977: Control over the biosystems and their objective teleology. IFAC-Symposium on Control Mechanisms in Bio- and Ecosystems, Leipzig 1977. Bd. 5, 76–80.

[42] Flejšman, B. S. 1980: Stochastičeskie modeli biocenozov. (Stochastische Modelle von Biozönosen.) Itogi nauki i techniki, obščaja ekologija, biocenologija, gidrobiologija. Tom. 5. VINITI, Moskva, pp. 5–57. (russ.)

[43] Glansdorff, P., I. Prigogine 1971: Thermodynamic Theory of Structure, Stability and Fluctuations. Wiley, London/New York/Sydney/Toronto.

[44] Gnauck, A., M. Straškraba 1980: Theoretical concepts of ecosystem models. ISEM-Journal 2, 71–80.

[45] Gnauck, A., J. Wernstedt, W. Winkler 1976: Zur Bildung mathematischer Modelle limnischer Ökosysteme mittels rekursiver Schätzverfahren. Internat. Revue ges. Hydrobiol. 61, 609–626.

[46] Gompertz, B. 1825: On the nature of the function expressive of the law of human activity. Philosoph. Transact. 115, 513–585. (Zitiert nach [99].)

[47] Haase, R. 1952: Thermodynamisch-phänomenologische Theorie irreversibler Prozesse. Ergebn. exakt. Naturwiss. 26, 56–164.

[48] Hahn, H. H., B. Eppler 1979: Models of rivers. In: S. E. Jørgensen (Ed.), State-of-the-Art in Ecological Modelling Proceed. Conf. Ecolog. Modelling. Copenhagen, 1978. pp. 13–58.

[49] HAIMES, Y. Y. 1977: Hierarchical Analysis of Water Resources Systems. McGraw Hill, New York/Toronto/London.

[50] HALFON, E. 1979: On the parameter structure of a large-scale ecological model. In: G. P. PATIL, M. ROSENZWEIG (Eds.), Contemporary Quantitative Ecology and Related Ecometrics. Internat. Co-op. Publ. House, Fairland, Maryland.

[51] HALFON, E. 1979: Computer-based development of large-scale ecological models: Problems and prospects. In: G. S. INNIS, R. V. O'NEILL (Eds.), Systems Analysis of Ecosystems. Intern. Co-op. Publ. House, Fairland, Maryland.

[52] HALFON, E. 1979: The effects of data variability in the development and validation of ecosystem models. In: B. P. ZEIGLER, M. S. ELZAS (Eds.), Methodology in Systems Modelling and Simulation. North-Holland Publ. Comp., Amsterdam. pp. 335—343.

[53] HALL, C. A. S., J. W. DAY jr. (Eds.) 1977: Ecosystem Modelling in Theory and Practice. Wiley, London/New York/Sydney/Toronto.

[54] HARRIS, G. P. 1980: Temporal and spatial scales in phytoplankton ecology: Mechanisms, methods, models, and management. Canad. J. Fish. Aquat. Sci. 37, 877—900.

[55] HARRIS, G. P., B. B. PICCININ 1979: Physical variability and phytoplankton communities, IV. Temporal changes in the phytoplankton community of a physically variable lake. Arch. Hydrobiol.

[56] HARRIS, G. P., R. E. H. SMITH 1977: Observations of small scale spatial patterns of phytoplankton populations. Limnol. Oceanogr. 22, 887—899.

[57] HUCHINSON, G. E. 1973: Eutrophication. Amer. Science 61, 269—279.

[58] HUNTSMAN, S. A., W. G. SUNDA 1980: The role of trace metals in regulating phytoplankton growth with emphasis on Fe, Mn and Cu. In: I. MORRIS (Ed.), The Physiological Ecology of Phytoplankton. Backwell Sci. Public., Oxford/London/Edinburg/Boston/Melbourne. Chapt. 8, pp. 285—328.

[59] IMBODEN, D. M. 1973: Limnologische Transport- und Nährstoffmodelle. Schweizer Z. Hydr. 35, 29—68.

[60] IMBODEN, D. M. 1974: Phosphorus model of lake eutrophication. Limnol. Oceanogr. 19, 297—304.

[61] IMBODEN, D. M., R. GACHTER 1978: A dynamic lake model for trophic state prediction. Ecolog. Modelling 4, 77—98.

[62] INNIS, G. S., R. V. O'NEILL (Eds.) 1979: Systems Analysis of Ecosystems. Intern. Co-op. Publ. House, Fairland, Maryland.

[63] JEFFERS, J. N. R. 1978: An Introduction to Systems Analysis with Ecological Applications. E. Arnold, London.

[64] JØRGENSEN, S. E. 1976: An eutrophication model for a lake. Ecolog. Modelling 2, 147—165.

[65] JØRGENSEN, S. E. (Ed.) 1979: State-of-the-Art in Ecological Modelling. Internat. Soc. Ecol. Modelling (ISEM), Proceed. Conf. on Ecol. Model., Copenhagen, Aug. 1978.

[66] JØRGENSEN, S. E., H. MEJER, M. FRIIS 1978: Examination of a lake model. Ecolog. Modelling 4, 253—278.

[67] KATCHALSKY, A., P. CURRAN 1965: Non-Equilibrium Thermodynamics in Biophysics. Harvard U.P., Cambridge, Mass.

[68] KEMP, W. M., W. J. MITSCH 1979: Turbulence and phytoplankton diversity: A general model of the 'pardox of plankton'. Ecolog. Modelling 7, 201—222.

[69] Klapper, H. 1977: Möglichkeiten und Effektivität der Sanierung von Talsperren und Seen. Dissertation (B), Techn. Univ. Dresden (132 S.)

[70] Kogan, A. B. (Hrsg.) 1977: Biologičeskaja kibernetika. (Biologische Kybernetik.) Vyšaja škola, Moskva. (russ.)

[71] Lane, P., R. Levins 1977: The dynamics of aquatic systems, 2. The effects of nutrient enrichment on model plankton communities. Limnol. Oceanogr. 22, 454–471.

[72] Laws, E. A. 1975: The importance of respiration losses in controlling the size distribution of marine phytoplankton. Ecology 56, 419–426.

[73] Lotka, A. J. 1925: Elements of Physical Biology. Williams & Wilkins. Baltimore.

[74] Mac Arthur, R. H. 1972: Geographical Ecology: Patterns in the Distribution of Species. Harper & Row, New York.

[75] Mauersberger, P. 1977: Wasserressourcen und ihre anthropogenen Veränderungen. Sitz.-Ber. Akad. Wiss. DDR 22 N. Akad.-Verl. Berlin. (45 S.)

[76] Mauersberger, P. 1978: On the theoretical basis of modelling the quality of surface and subsurface waters. IAHS-AISH Publications 125, 14–23.

[77] Mauersberger, P. 1979: On the role of entropy in water quality modelling. Ecolog. Modelling 7, 191–199.

[78] Mauersberger, P. 1980: Die Thermodynamik irreversibler Prozesse als Bindeglied zwischen der deterministischen und der stochastischen Theorie von Transport- und Stoffumwandlungsprozessen im Grundwasser. Vorträge Wiss. Konf. „Simulation gekoppelter Transport-, Austausch- u. Umwandlungsprozesse im Boden- und Grundwasser", Dresden, Nov. 1979. TU Dresden. pp. 95–112.

[79] Mauersberger, P. 1981: Entropie und freie Enthalpie im aquatischen Ökosystem. Acta hydrophys. 26, 67–90.

[80] Mauersberger, P. 1981: Growth equations of phyto- and zooplankton deduced from thermodynamic principles. Internat. Sympos. „Simulation of Systems in Biologgy and Medicine" (SISY), Praha, Nov. 1980. Vol. 3, 55–65.

[81] Mauersberger, P. 1982: Zur Bestimmung der nichtlinearen Beziehungen zwischen Raten und Affinitäten bei Produktions- und Abbauprozessen im aquatischen Ökosystem. Acta hydrophys. 27, 125–130.

[82] Mauersberger, P., H. Klapper, D. Uhlmann 1981: Analyse, Modellierung und Steuerung der Wasserbeschaffenheit. In: Fortschritte in der hydrologischen u. wasserwirtschaftlichen Forschung der DDR, hrsg. vom NK IHP der DDR zum Abschluß der 1. Phase des Internat. Hydrol. Programms. Berlin, 5, 2–30.

[83] Meixner, J., H. R. Reik 1959: Thermodynamik der irreversiblen Prozesse. In: S. Flügge (Ed.), Encyclopedia of Physics — Hdb. d. Physik, vol. III/2. Springer, Berlin/Göttingen/Heidelberg. pp. 413–523.

[84] Menšutkin, V. V. 1971: Matematičeskoe modelirovanie populjacij i soobščestv vodnych ekosistem. (Mathematische Modellierung von Populationen u. Organismengemeinschaften in aquatischen Ökosystemen.) Nauka, Leningrad. (russ.)

[85] Menšutkin, V. V., T. J. Prichodko 1970: Modelirovanie populjacij planktonych rakoobraznych na elektronno-vyčislitelnoj mašine. (Modellierung von Populationen planktischer Krebsarten auf elektronischen Rechenmaschinen.) Okeanologija 10, 341–347. (russ.)

[86] Michajlovskij, G. E. 1980: Elementy biologičekoj termodinamiki. (Elemente der biologischen Thermodynamik.) Irkutsk. (77 S.)

[87] Morowitz, H. J. 1970: Entropy for Biologists. Academic Press, New York/London.
[88] Mortimer, C. H. 1974: Lake hydrodynamics. Mitteil. Internat. Verein. Limnol. 20, 124—197.
[89] Murphy, T. P., D. R. S. Lean, C. Nalewayko 1976: Blue-green algae: Their excretion of iron-selective chelators enables them to dominate other algae. Science 192, 900—902.
[90] Negotai, C. V., D. A. Ralescu 1975: Application of Fuzzy Sets to Systems Analysis. Birkhäuser, Basel.
[91] Nicolis, G., I. Prigogine 1977: Self-Organization in Nonequilibrium Systems. Wiley, London/New York/Sydney/Toronto.
[92] O'Connor, D. J. 1961: Oxygen balance of an estuary. Transact. ASCE 126, 556—561.
[93] O'Connor, D. J., D. M. Di Toro 1970: Photosynthesis and oxygen balance in streams. J. San. Eng. Div., Proceed. ASCE 96, 547—571.
[94] Odum, E. P. 1971: Fundamentals of Ecology. 3rd ed. Saunders, Philadelphia.
[95] Oglesby, R. T., W. R. Schaffner 1978: Phosphorus loadings to lakes and some of their responses. 2. Regression models. Limnol. Oceanogr. 23, 135—145.
[96] Okubo, A. 1980: Diffusion and Ecological Problems: Mathematical Models. Springer, Berlin/Heidelberg/New York.
[97] Olberg, M. 1979: Langperiodische Schwankungen der Strahlungsbilanz, des Niederschlages und des Trockenheitsindex in Potsdam. Z. Meteorol. 29, 50—55.
[98] Olson, J. S. 1963: Energy storage and the balance of producers and decomposers in ecological systems. Ecology 44, 322—332.
[99] O'Neill, R. V. 1979: A review of linear compartmental analysis in ecosystem science. In: J. H. Matis, B. C. Patten, G. C. White (Eds.), Compartmental Analysis of Ecosystem Models. Internat. Co-op. Publ House, Fairland, Maryland. pp. 3—28.
[100] O'Neill, R. V. 1979: Natural variability as a source of error in model predictions. In: G. S. Innis, R. V. O'Neill (Eds.), Systems Analysis of Ecosystems. Internat. Co-op. Publ. House, Fairland, Maryland. pp. 23—32.
[101] O'Neill, R. V. 1979: Transmutations across hierarchical levels. In: G. S. Innis, R. V. O'Neill (Eds.), Systems Analysis of Ecosystems. Internat. Co-op. Publ. House, Fairland, Maryland. pp. 59—78.
[102] O'Neill, R. V., B. Rust 1979: Aggregation error in ecological models. Ecolog. Modelling 7, 91—105.
[103] O'Neill, R. V., J. W. Elwood, S. G. Hildebrand 1979: Theoretical implications of spatial heterogeneity in stream ecosystems. In: G. S. Innis, R. V. O'Neill (Eds.), Systems Analysis of Ecosystems. Internat. Co-op, Publ. House, Fairland, Maryland. pp. 79—101.
[104] Orlob, G. T. 1977. Mathematical Modeling of Surface Water Impoundments, Vol. I. Resource Management Assoc. Inc., Lafayette, California. (RMA 6080).
[105] Ostwald, W. 1903: Biologie und Chemie. Ostwalds Annalen d. Naturphil. 3, 302—314. (Vgl. auch: H. Berg (Herausg.), Ostwald — Gedanken zur Biosphäre. Ostwalds Klassiker d. exakt. Wiss., No. 253. Akadem. Verl.-Ges,, Leipzig, 1978.)
[106] Park, R. A., Th. W. Groden, C. J. Desormeau 1979: Modifications to the model CLEANER requiring further research. In: D. Scavia, A. Robertson (Eds.), Perspectives on Lake Ecosystem Modeling. Ann Arbor. Sci. Publ. Inc., Ann Arbor, Mich. pp. 87—108.

[107] Patten, B. C. 1966: Systems ecology — a course sequence in mathematical ecology. Bioscience 16, 593—598.

[108] Patten, B. C. 1968: Mathematical models of plankton production. Hydrobiol. 53, 357—408.

[109] Patten, B. C. (Ed.) 1971—1977: Systems Analysis and Simulation in Ecology. Academic Press, New York. Vol. 1: 1971, Vol. 2: 1972, Vol. 3: 1975, Vol. 4: 1977.

[110] Patten, B. C. 1975: Ecosystem linearization, an evolutionary design problem. Amer. Naturalist. 109, 529—539.

[111] Peschel, M. 1980: Ziele und Anwendungen neuer Entwicklungen der Regelungstheorie. Messen—Steuern—Regeln 23, 10—14.

[112] Peschel, M. 1980: Ingenieurtechnische Entscheidungen mit Hilfe der Polyoptimierung. Verl. Techn., Berlin.

[113] Reckhow, K. 1979: Empirical models for phosphorus: Development, applications, limitations and uncertainty. In: D. Scavia, A. Robertson (Eds.), Perspectives on Lake Ecosystem Modeling. Ann Arbor Sci. Publ. Inc., Ann Arbor, Mich. pp. 193—221.

[114] Reckhow, K., S. C. Charpa 1979: A note on error analysis for a phosphorus retension model. Water Resourc. Res. 15, 1643—1646.

[115] Richerson, P., R. Armstrong, C. R. Goldman 1970: Contemperaneous disequilibrium, a new hypothesis to explain the 'paradox of the plankton'. Proceed. Nat. Acad. Sci. U.S.A. 67 (4), 1710—1714.

[116] Rinaldi, S., R. Soncini-Sessa, H. Stehfest, H. Tamura 1979: Modeling and Control of River Quality. Mc Graw Hill, New York/Toronto/London.

[117] Romanovskij, J. M., N. V. Stepanova, D. S. Černavskij 1975: Matematičeskoe modelirovanie v biofizike. (Mathematische Modellierung in der Biophysik.) Nauka, Moskva. (russ.)

[118] Romanovskij, J. M., N. V. Stepanova, D. S. Chernavsky 1974: Kinetische Modelle in der Biophysik. Fischer Verlag, Jena.

[119] Rosen, R. 1970: Dynamical System Theory in Biology. Wiley-Intersci., New York/London/Sydney.

[120] Rubin, A. B. 1976: Termodinamika biologičeskich processov. (Thermodynamik biologischer Prozesse.) Izdat. Mosk. Univers., Moskva. (russ.)

[121] Ruf, J. 1979: Gewässergütesimulation unter Berücksichtigung meteorologischer Einflüsse. Gas-Wasserfach, Wasser-Abwasser 120, 8—12.

[122] Russel, F. S. 1973: A summary of the observations of the occurence of planktonic stages of fish off Plymouth 1924—1972. J. Mar. Biol. Assoc. U.K. 53, 347—355.

[123] Sandoval, M., F. H. Verhoff, T. H. Cahill 1976: Mathematical modeling of nutrient cycling in rivers. In: R. P. Canale (Ed.), Modeling Biochemical Processes in Aquatic Ecosystems. Ann Arbor Sci. Publ. Inc., Ann Arbor, Mich. pp. 205—231.

[124] Scavia, D. 1980: An ecological model of Lake Ontario. Ecolog. Modelling 8, 49—78.

[125] Scavia, D., R. A. Park 1975: A User's Manual for the Aquatic Model CLEANER. Rensselaer Polytechn. Inst. FWI Rep. 76—16, Troy, N.Y. (81 S.)

[126] Scavia, D., R. A. Park 1976: Documentation of selected constructs and parameter values in the aquatic model CLEANER. Ecolog. Modelling 2, 33—58.

[127] Schaffner, W. R., R. T. Oglesby 1978: Phosphorus loadings to lakes and some of their responses. 1. A new calculation. Limnol. Oceanogr. 23, 210—234.

[128] Schellenberger, G. 1976: Ein Modell für die Primärproduktion in Flachgewässern. Limnologica 10, 453—458.

[129] Schindler, D. W.: 1978: Factors regulating phytoplankton production and standing crop in the worlds freshwaters. Limnol. Oceanogr. 23, 478—486.

[130] Schindler, D. W., E. J. Fee, T. Ruszczynski 1978: Phosphorus input and its consequences for phytoplankton standing crop and production in the experimental lakes area and in similar lakes. J. Fish. Res. Board Canada 35, 190—196.

[131] Schnakenberg, J. 1977: Thermodynamic Network Analysis of Biological Systems. Springer. Berlin/Heidelberg/New York.

[132] Schönborn, W., S. J. Casper 1980: Ansätze für eine Bilanzierung des Kohlenstoffs in der mittleren Saale. Limnologica 12, 255—259.

[133] Schrödinger, E. 1944: What is Life. Cambridge Univ. Press.

[134] Shapiro, J. 1975: Biomanipulation, an ecosystem approach to lake restoration. In: P. L. Brezonik (Ed.), Proceed. Sympos. Water Quality Management, Univ. of Florida, Jan. 1975. pp. 85—96.

[135] Shapiro, J. 1979: The need for more biology in lake restoration. Proceed. Conf. Lake Restoration, Aug. 1978. Mineapolis. U.S. Gov't. Printing Office, Washington D.C. (17 S.)

[136] Shapiro, J. 1980: The importance of trophic-level interactions to the abundance and species composition of algae in lakes. In: J. Barica, L. K. Mur (Eds.), Developments in Hydrobiology. vol. 2. W. Junk Publ., The Hague. pp. 105—116.

[137] Singh, M. G. 1977: Dynamical Hierarchical Control. North-Holland Publ. Comp., Amsterdam.

[138] Singh, M. G. 1979: Hierarchical methods in river pollution control. In: E. Halfon (Ed.), Theoretical Systems Ecology. Academic Press, New York. pp. 419—451.

[139] Slobodkin, L. B., A. Rapoport 1974: An optimal strategy of evolution. Quart. Rev. Biol. 49, 181—200.

[140] Smayda, T. J. 1980: Phytoplankton species succession. In: I. Morris (Ed.), The Physiological Ecology of Phytoplankton. Blackwell Sci. Publ., Oxford/London/Edinburgh/Boston/Melbourne. pp. 493—570.

[141] Steele, J. H., B. W. Frost 1977: The structure of plankton communities. Philos. Transact. Roy. Soc. London, Ser. B, 280, 485—534.

[142] Steinhorst, R. K. 1979: Stochastic difference equation models of biological systems. In: G. S. Innis, R. V. O'Neill (Eds.), Systems Analysis of Ecosystems. Internat. Co-op. Publ. House, Fairland, Maryland. pp. 1—22.

[143] Straškraba, M. 1975: Persönl. Mitteilung.

[144] Straškraba, M. 1976: Development of an analytical phytoplankton model with parameters empirically related to dominant controlling variables. Abhandl. Akad. Wiss. DDR 1976. 33—65.

[145] Straškraba, M. 1977: Natural control mechanisms in models of aquatic ecosystems. IFAC Sympos. on Control Mechanisms in Bio- and Ecosystems. Leipzig, Sept. 1977. Vol. 1, 74—108.

[146] Straškraba, M. 1979: Natural control mechanisms in models of aquatic ecosystems. Ecolog. Modelling 6. 305—321.

[147] Straškraba, M. 1980: Cybernetic categories of ecosystem dynamics. ISEM-Jour. 2, 81—96.

[148] Streeter, H. W., B. Phelps 1925: A study of the pollution and natural purification of the Ohio river. Publ. Health Bull. 146, 1—25.

[149] Svirežev, J. M., D. O. Logofet 1978: Ustojčivost' biologičeskich soobščestv. (Stabilität biologischer Organismengemeinschaften.) Nauka, Moskva. (russ.)

[150] Swift, D. G. 1980: Vitamins and phytoplankton growth. In: I. Morris (Ed.), The Physiological Ecology of Phytoplankton. Blackwell Sci. Publ., Oxford/London/Edinburgh/Boston/Melbourne. pp. 329—368.

[151] Thayer, R., R. G. Krutchkoff 1967: Stochastic model for BOD and DO in streams. Proc. ASCE, J. Sanit. Eng. Div. 93, 59—83.

[152] Thomann, R. V. 1972: Systems Analysis and Water Quality Management. Mc Graw Hill, New York/Toronto/London.

[153] Thomann, R. V., R. P. Winfield, D. M. Di Toro 1974: Modelling of phytoplankton in Lake Ontario. (IFYGL) Proceed. 17th Conf. on Great Lakes Res. pp. 135—159.

[154] Treder, H.-J. 1980: Über die Nichtabschließbarkeit des axiomatischen Aufbaus der Physik und das Verhältnis von Physik und Geophysik. Geophys. u. Geologie (KMU Leipzig), Bd. II, H. 2, 7—13.

[155] Uhlmann, D. 1977: Möglichkeiten und Grenzen einer Regenerierung geschädigter Ökosysteme. Sitz.-Ber. Sächs. Akad. Wiss. Leipzig, 112, 5, 1—50.

[156] Uhlmann, D., J. Benndorf 1976: Prognose der Wassergüte hydrischer Ökosysteme. Die Technik 31, 486—493.

[157] Vansteenkiste, G. C. 1980: Simulation of environmental systems, an academic exercise? In: A. Sydow (Ed.), Systems Analysis and Simulation. Proceed. Internat. Sympos. Berlin (GDR), Sept. 1980. Akad.-Verl. pp. 83—95.

[158] Verhagen, J. H. G. 1980: The role of hydrodynamics in eutrophication. Hydrobiol. Bull. (Amsterdam) 14, 47—63.

[159] Vinberg, G. G. 1980: General characteristics of freshwater ecosystems based on Soviet IBP-studies. In: E. D. Le Cren, R. H. Lowe-McConnel (Eds.), The Functioning of Freshwater Ecosystems. Cambridge U.P., Cambridge/London/New York/Melbourne/Sydney. pp. 481—491.

[160] Vollenweider, R. A. 1969: Möglichkeiten und Grenzen elementarer Modelle der Stoffbilanz von Seen. Archiv Hydrobiol. 66, 1—36.

[161] Vollenweider, R. A. 1975: Input-output models: With special reference to the phosphorus loading concept in limnology. Schweiz. Z. Hydrol. 37, 53—84.

[162] Vollenweider, R. A. 1976: Advances in defining critical loading levels for phosphorus in lake eutrophication. Mem. Istit. Ital. Idrobiol. 33, 53—83.

[163] Vollenweider, R. A. 1979: Das Nährstoffbelastungskonzept als Grundlage für den externen Eingriff in den Eutrophierungsprozeß stehender Gewässer und Talsperren. Z. f. Wasser- u. Abwasserforsch. 12, 2, 10—20.

[164] Volterra, V. 1926: Variazioni i fluttuazioni del numero d'individui in specie animali conventi. Memoria Acad. Lincei 2, 31—113.

[165] Volterra, V. 1932: Leçons sur la théorie mathématique de la lutte pur la vie. Gauthier-Villars, Paris.

[166] Welch, E. B., L. T. Lindell 1978: Phosphorus loading and response in Lake Vanern nearshore areas. Environm. Sci. Techn. 12, 321—327.

[167] Wiener, N. 1948: Cybernetics or Control and Communication in the Animal and Mashine. New York/Paris.

[168] Zotin, A. I. 1972: Thermodynamic Aspects of Developmental Biology. Karger, Basel/München/Paris/London/New York/Sydney.

[169] Zotin, A. I. (Hrsg.) 1976: Termodinamika biologičeskich processov. (Thermodynamik biologischer Prozesse.) Nauka, Moskva. (russ.)

[170] Zotin, A. I. (Hrsg.) 1980: Termodinamika i kinetika biologičeskich processov. (Thermodynamik u. Kinetik biologischer Prozesse.) Nauka, Moskva. (russ.)

FSC
www.fsc.org
MIX
Papier | Fördert
gute Waldnutzung
FSC® C083411

Zeitfracht Medien GmbH
Ferdinand-Jühlke-Straße 7
99095 Erfurt, Deutschland
produktsicherheit@kolibri360.de